U0387957

5G赋能

产业升级与应用创新

5G ENABLING Industrial Upgrading and Application Innovation

温晓君　编著

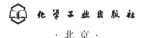

化学工业出版社

·北京·

内容简介

以5G为代表的新一代信息技术已成为新一轮科技革命和产业变革的引领力量。在5G时代，5G将与人工智能、云计算、大数据、物联网等智能技术深度融合，全面助力各行各业数字转型、智能升级与应用创新。

本书系统阐述了5G关键技术以及产业全链条环节的发展现状，特别就5G赋能产业升级与应用创新展开深入探讨，围绕5G+超高清视频、虚拟现实、工业互联网、智慧交通、远程医疗、智慧教育等众多应用领域进行了特点分析与发展展望，让读者多维度地认识5G技术融合赋能带来的放大、叠加、倍增作用。

本书为5G产业高质量发展与应用加速普及提供了例证参考，可作为产业界企业业务开拓和政府机构的决策参考。对于想全面了解5G的读者，本书也是不错的选择。

图书在版编目（CIP）数据

5G赋能：产业升级与应用创新/温晓君编著. —北京：
化学工业出版社，2021.8
　ISBN 978-7-122-39153-7

　Ⅰ.①5… Ⅱ.①温… Ⅲ.①第五代移动通信系统
Ⅳ.①TN929.53

中国版本图书馆CIP数据核字（2021）第091948号

责任编辑：郝　越　李军亮　　　　　　　装帧设计：王晓宇
责任校对：王素芹

出版发行：化学工业出版社（北京市东城区青年湖南街13号　邮政编码100011）
印　　刷：三河市航远印刷有限公司
装　　订：三河市宇新装订厂
880mm×1230mm　1/32　印张6¾　字数159千字
2021年8月北京第1版第1次印刷

购书咨询：010-64518888　　　　　　　售后服务：010-64518899
网　　址：http://www.cip.com.cn
凡购买本书，如有缺损质量问题，本社销售中心负责调换。

定　　价：59.00元　　　　　　　　　　　　版权所有　违者必究

　　新一代信息技术日益成为新一轮科技革命和产业变革的引领力量。自20世纪90年代美国推动"信息高速公路"计划以来，信息通信业主导了近30年间全球经济发展和国家竞争格局变化。从历史角度看，通信技术的发展带动了我国工业经济高速增长。20世纪90年代，以电话为代表的通信业务发展迅速，到2000年电信业务总量已增长至4600亿元，是1990年业务量的42倍。新世纪前十年，计算机和互联网在国内快速普及，2010年微型计算机产量达2.5亿台，是2000年产量的37倍。2010年之后智能手机和新一代移动通信网络带动信息产业飞速发展，截至2020年，我国已是全球最大的智能手机生产基地和消费市场，互联网业务收入超过1.2万亿元。从当前发展看，5G、人工智能、云计算、大数据、工业互联网等新兴技术持续演进，产品迭代不断加快，极大地推动了社会生产力和生产关系变革。我国5G国际标准必要专利占比全球领先，基于蜂窝移动网络的车联网无线通信技术成为国际标准，北斗三号全球卫星导航系统正式开通。从未来发展看，美国《2016—2045年新兴科技趋势报告》从690项科技趋势中提炼的20项最值得关注的新兴科技发展趋势中，大数据、网络空间、物联网等7项直接属于信息通信产业，而社交媒体使能、智慧城市等5项也同样需要信息技术的大力支持。与此同时，B5G/6G通信、太赫兹通信、量子计算、量子通信等前沿技术进入突破前夜，将对经济社会发展产生颠覆性变革。

信息技术赋能已成为实现产业转型升级的关键路径。"十四五"时期是向社会主义现代化战略目标迈进的关键阶段。只有顺利实现产业升级，建成科技创新、融合发展的现代化产业体系，才能推动我国由发展中国家走向现代化。信息技术在现代化产业体系中的引领作用愈发凸显，经济社会众多领域迫切需要信息技术的融合渗透来添薪续力。信息技术与实体经济深度融合应用，正在引发产业系统性、革命性、群体性的技术革新和模式变革：一方面，通过发挥信息技术的创新引领作用，促进产业界跨专业、跨领域、跨环节的多维度、深层次合作与联合攻关，以集成创新为引领实现融合领域新技术的系统性突破；另一方面，通过激发数据这一核心驱动要素的潜能，从生产方式、组织管理和商业模式等维度推动产业模式和企业形态根本性转变，加速产业现代化进程。以5G、工业互联网、智慧交通、智慧电网、城市大脑、一体化数据中心为代表的新型基础设施不断助力各行各业数字转型、智能升级和融合创新。

信息产业正成为全球产业竞争的制高点。近年来，信息技术强国围绕5G技术和产业的竞争日趋激烈，逆全球化思潮抬头，2020年暴发的新冠肺炎疫情影响深远，加速了全球产业链和分工体系重构。以5G为代表的新一代信息技术促进共享经济、平台经济、无人经济等新业态、新模式蓬勃兴起，引领带动产业链、供应链、创新链、价值链重组，成为后疫情时代经济快速重启复苏的关键引擎。我国当前已转向高质量发展阶段，供给侧结构性改革深入推进，产业和消费双升级步伐加快，数字化需求大量释放，发挥5G技术融合赋能带来的放大、叠加、倍增作用，将为经济社会各领域数字化、网络化、智能化、低碳化发展提供强有力的支撑。

鉴于此，本书系统总结了5G关键技术以及产业全链条环节的发展现状，特别就5G赋能产业升级与应用创新展开深入探讨，围绕5G+超高清视频、5G+虚拟现实、5G+工业互联网、5G+智慧交通、5G+远程医疗、5G+智慧教育等众多应用领域进行了特点分析与发展展望，为5G产业高质量发展与应用加速普及提供了例证参考，可作为产业界企业业务开拓和政府机构决策参考。

本书成稿基于笔者在中国电子信息产业发展研究院电子信息研究所多年工作的成果积累以及中国超高清视频产业联盟相关企业提供的案例素材，化学工业出版社在本书编写、审定过程中给予了大量帮助及完善修改意见，保证了本书的顺利出版，在此一并致谢。

由于笔者水平及时间所限，书中不足之处，敬请广大专家和读者不吝指正。

编著者

目录

目　录

第一部分

综合概述篇

CHAPTER ONE

第一章

5G 概述

　　全球新一轮科技革命和产业变革正蓬勃兴起，移动通信技术十年一周期，历经了第一代移动通信技术（1G）到第四代移动通信技术（4G）迭代演进发展过程，目前正处于第五代移动通信技术（5G）阔步前进，构建高速率、低时延高可靠、海量机器连接的新型网络基础设施的关键时期。5G作为新型基础设施建设（简称"新基建"）的龙头、产业发展的助推器，将开启万物互联的信息通信发展新时代，全面构筑经济社会数字化转型的关键基础设施，有力推动网络强国和制造强国建设，为建设社会主义现代化强国提供坚实支撑。

第一节

5G 关键技术

　　为了支撑5G网络在多种场景下的不同性能要求，5G需要更多新的技术来支撑新业务需求。面对多样化场景的极端差异化性能需求，5G移动通信很难像2G、3G、4G移动通信一样，以某种单一技术为基础并针对所有场景提出解决方案，5G技术创新分别来源于无线通信技术和网络连接技术两方面。在无线通信技术领域，全频谱接入、大规模天线阵列与波束赋形、先进编码调制等技术已成为业界关注的焦点；在网络连接技术领域，云无线接入网、前传与回传、全双工、超密集异构组网、基于软件定义网络和网络功能虚拟化等技术的新型网络架构已取得广泛共识。相比2G、3G、4G通信技术，5G通信主要有以下十大关键技术。

一、全频谱接入技术

全频谱接入技术是指聚焦于6GHz以下（Sub-6GHz）中低频段和6GHz以上的毫米波高频段，根据5G特定场景需求选择相应移动通信采用频段的技术，Sub-6GHz中低频段是5G的核心频段，用于无缝覆盖；毫米波高频段为30～300GHz的无线电波，波长范围从1mm到10mm，作为辅助频段，用于热点区域速率的提升。全频谱接入采用低频和高频混合组网，充分挖掘低频和高频的组合优势，共同满足无缝覆盖、高速率、大容量等5G业务新需求。

5G与2G/3G/4G最大的区别之一是引入了毫米波通信频段。但是，毫米波的缺点是传播损耗大，穿透能力弱；而毫米波的优点是带宽大、速率高，Massive MIMO天线体积小，因此适合小型蜂窝网小区（Small Cells）、室内、固定无线和回传等场景部署。

二、大规模天线阵列与波束赋形

大规模天线阵列（Massive Multiple-Input Multiple-Output，Massive MIMO）技术在发射端和接收端分别使用多个发射天线和接收天线，使信号通过发射端与接收端的多个天线传送和接收，从而改善通信质量❶。该技术充分利用空间资源，通过多个天线实现多发多收，在不增加频谱资源和天线发射功率的情况下，可以成倍地提高系统信道容量，显示出明显的优势，被视为下一代移动通信的核心技术。

波束赋形技术是在 Massive MIMO 技术基础上，通过调整天线阵列阵元的加权系数产生指向性波束，最终实现显著阵列增益❷。根据波束赋形处理位置和方式的不同，可分为数字、模拟以及混合三种波束赋形方案。模拟波束赋形通过处理射频信号权值完成天线相位的调整，特点是基带处理的通道数量远小于天线单元的数量，因此容量上受到限制，并且通过硬件搭建实现天线波束赋形易受器件精度影响，从而制约系统性能。数字波束赋形在基带模块内进行天线权值处理，其基带处理的通道数和天线单元数量相等，需要为每路数据配置射频链路，具有波束赋形精度高、实现灵活、天线权值变换响应及时的优势，但也具有基带处理能力要求高、系统复杂、设备体积大、成本较高的缺点。

Sub-6G 频段作为当前 5G 容量的主力军，载波带宽可达100MHz，一般采用数字波束赋形，通过64通道发射可以实现小区内时频资源的多用户复用。在毫米波频段，频谱资源充沛，一个5G载波带宽可达400MHz，其波束赋形方案一般采用结合数字和模拟的混合波束赋形，同时实现基带处理的通道数目明显小于模拟天线单元的数量，复杂度与成本大幅下降，和系统性能接近的全数字波束赋形。毫米波频段的设备中基带处理的通道数较少，一般为4T4R，但天线单元众多，可达512个，其容量的主要来源是超大带宽和波束赋形。在波束赋形和 Massive MIMO 的加持下，5G 在 Sub-6G 频谱

❶ 张长青. 面向5G的大规模MIMO天线阵列研究[J]. 邮电设计技术，2016，000（003）：34-39.
❷ 彭政谕. 阵列天线波束赋形技术研究与应用[D]. 杭州：浙江大学，2014.

下单载波最多可达7Gbps的小区峰值速率，在毫米波频谱下单载波也最多达到了约4.8Gbps的小区峰值速率。

三、先进编码调制技术

先进编码调制技术是在不降低系统有效传输速率的前提下进行有效的编码和调制，是未来宽带移动通信系统中的关键技术之一。5G包括多种应用场景，性能指标要求差异很大。例如，热点高容量场景对单用户链路的速率要求极高，这就需要在大带宽和信道好的条件下支持很高的频谱效率和码长。在密集部署场景，无线回传会广泛应用，这就需要有更先进的信道编码设计和路由策略来降低节点之间的干扰。2016年11月，3GPP在美国召开了RAN1#87次会议，此次会议主要讨论5G数据信道短码方案以及5G控制信道方案。最终投票达成的结果，即5G eMBB场景的信道编码技术方案中，长码编码和数据信道的上行和下行短码方案采用高通主推的LDPC码；控制信道编码采用华为主推的Polar方案。此外，5G将采用新型多载波技术和新型多址技术。

新型多载波技术是指利用载波传输信息的新型技术，其中载波技术是指将表示信息的信号加载到一定的载波上，使载波的频率、幅度或相位发生相应变化（相应称为"频率调制""幅度调制"及"相位调制"），由于经调制后的信号中包含有原始信号信息，传输到接收方后，经解调、滤波等一系列过程后，可使原信号得以恢复。为了更好地支撑5G的各种应用场景，更好地支持新业务，实现良好的可扩展性，和其他技术实现良好兼容，等等，业界已提出了多种新型多载波技术，例如滤波正交频分复用技术（Filtered-Orthogonal Frequency Division Multiplexing，F-OFDM）、通用过滤多载波技术（Universal Filtered Multi-Carrier，UFMC）和过滤宽带多载波技术（Filter Bank Multi-Carrier，FBMC）等。此外，载波聚合（Carrier Aggregation，CA）通过组合多个独立的载波信道来提升带宽，实现提升数据速率和容量。载波聚合分为带内连续、带内非连续和带间不连续三种组合方式，实现复杂度依次增加。载波聚合已在4G LTE中采用，并且将成为5G的关键技术之一。5G物理层可支持聚合多达16个载波，以实现更高速传输。

新型多址技术是指实现小区内多用户之间、小区内外多用户之间通信地址识别的技术。多址技术主要通过多用户信息在相同资源上的叠加传输，在接收侧利用先进的接收算法分离多用户信息，不仅可以有效提升系统频谱效率，还可成倍增加系统的接入容量。典型新型多址接入技术包括稀疏码多址接入（Sparse Code Multiple Access，SCMA）、图样分割多址接入（Pattern Division Multiple Access，PDMA）和多用户共享接入（Multi-User Shared Access，MUSA）等技术。5G时代定义了eMBB、mMTC和uRLLC三大应用场景，在考虑抗多径干扰、与MIMO的兼容性等问题的基础上，还对频谱效率、系统吞吐量、延迟、可靠性、可同时接入的终端数量、信令开销、实现复杂度等提出了新的要求。为此，5G Rel-15使用了CP-OFDM波形并能适配灵活可变的参数集，以灵活支持不同的子载波间隔，复用不同等级和时延的5G业务。对于5G mMTC场景，由于正交多址（Orthogonal Multiple Access，OMA）可能无法满足其所需的连接密度，因此非正交多址（Non-Orthogonal Multiple Access，NOMA）方案成为广泛讨论的对象。

四、云无线接入网

云无线接入网（Cloud RAN，C-RAN）可以将无线接入的网络功能软件化为虚拟化功能，并部署于标准的云环境中。C-RAN概念由集中式RAN发展而来，目标是为了提升设计灵活性和计算可扩展性，提升能效和减少集成成本。在C-RAN构架下，基带单元（Baseband Unit，BBU）功能是虚拟化的，且集中化、池化部署，射频拉远单元（Remote Radio Unit，RRU）与天线分布式部署，RRU通过前传网络连接BBU池，BBU池可共享资源并灵活分配处理来自各个RRU的信号。C-RAN可以提升计算效率和能效，易于实现协同多点传输（Coordinated Multiple Points，CoMP）、多无线电接入奇数（Radio Access Technology，RAT）、动态小区配置等更先进的联合优化方案，但同时C-RAN发展也面临前传网络设计和部署的高复杂性等挑战。

五、前传与回传技术

回传（Backhaul）指无线接入网连接到核心网的部分，光纤是回传网络的理想选择，但在光纤难以部署或部署成本过高的环境下，无线回传是替代方案，比如点对点微波、毫米波回传等。此外，无线mesh网络也是5G回传的一个选项，在Rel-16里，5G无线本身将被设计为无线回传技术，即5G NR集成无线接入和回传（Integrated Access Backhaul，IAB）。

前传（Fronthaul）指BBU池连接拉远RRU部分，前传链路容量主要取决于无线空口速率和MIMO天线数量。4G前传链路采用通用公共无线接口（Common Public Radio Interface，CPRI）协议，但由于5G无线速率大幅提升、MIMO天线数量成倍增加，CPRI无法满足5G时代的前传容量和时延需求，为此，中国通信标准化协会（CCSA）和国际电信联盟电信标准分局（ITU-T）等标准组织积极研究和推动5G前传标准化工作，目前技术方案主要包括光纤直驱、无源波分复用（Wavelength Division Multiplexing，WDM）、半有源WDM等方案。

六、全双工技术

全双工技术是指设备的发射机和接收机占用相同的频率资源同时传输数据，使得通信的两端同时在上、下行使用相同的频率，克服了现网2G、3G和4G网络中所主要采用的双工方式——频分双工（Frequency Division Duplexing，FDD）和时分双工（Time Division Duplexing，TDD）模式下的半双工缺陷，这是通信节点实现双向通信的关键之一，也是5G所需的高吞吐量和低延迟的关键技术。

现网2G、3G和4G网络中，只使用FDD或TDD一种双工模式，其中，FDD在高速移动场景、广域连续组网和上、下行干扰控制方面具有优势，而TDD在非对称数据应用、突发数据传输、频率资源配置及信道互易特性对新技术的支持等方面具有天然的优势。

5G网络系统需要支持多类型应用场景和业务，因此需要5G网络系统根据不同业务需求，灵活智能地使用FDD/TDD双工方式，发挥各自优势，全面提升网络性能，如图1-1所示。5G网络对双工方式的总体要求：①支持对称频谱和非对称频谱；②支持uplink、downlink、sidelink、backhaul；③支持灵活双工（Flexible Dulplex）；④支持全双工（Full Dulplex）；⑤支持TDD上下行灵活配置。5G网

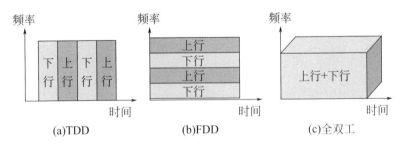

图 1-1　TDD、FDD 以及全双工优势特性比较

（资料来源：赛迪智库整理，2020年8月）

络紧密结合FDD和TDD，通过对业务和环境的感知、智能地调整和使用双工模式，使整个网络在频谱效率、业务适配性、环境适应性等诸多方面实现性能提升。

无线通信业务量爆炸增长与频谱资源短缺之间的外在矛盾，驱动着无线通信理论与技术的内在变革。提升FDD与TDD的频谱效率，并消除其对频谱资源使用和管理方式的差异性，成为未来移动通信技术革新的目标之一。全双工技术能够突破FDD和TDD方式的频谱资源使用限制，使得频谱资源的使用更加灵活。然而，全双工技术需要具备极高的干扰消除能力，这对干扰消除技术提出了极大的挑战，同时还存在相邻小区同频干扰问题。在多天线及组网场景下，全双工技术的应用难度更大。

七、SDN及NFV技术

5G引入网络功能虚拟化（NFV）和软件定义网络（SDN）技术（图1-2），设计实现基于通用硬件的新型基础设施平台，解决4G时

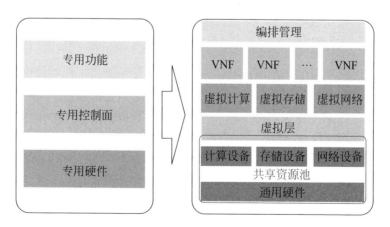

图 1-2　SDN 和 NFV 技术发展示意图

（资料来源：赛迪智库整理，2020年8月）

代基于专用硬件的设施平台成本高、资源配置能力弱和业务上线周期长等问题。

SDN技术是将网络基础设施层（数据面）与控制层（控制面）分离的网络设计方案，其核心是将传统网络设备紧耦合的网络架构解耦成应用、控制、转发三层分离的架构，并通过标准化实现网络的集中管控和网络应用的可编程性。网络基础设施层与控制层通过标准接口连接，比如OpenFlow（首个用于互连数据和控制面的开放协议）。

SDN将网络控制面解耦至通用硬件设备上，并通过软件化集中控制网络资源。控制层通常由SDN控制器实现，基础设施层通常被认为是交换机，SDN通过南向API（比如OpenFlow）连接SDN控制器和交换机，通过北向API连接SDN控制器和应用程序。SDN可实现集中管理，提升了设计灵活性，还可引入开源工具，具备降低CAPEX和OPEX以及激发创新的优势。

NFV技术是通过使用x86等通用性硬件以及虚拟化技术，将网络功能软件化，其实质是将网络功能从服务器、网络、内存及存储等专用硬件设备中剥离出来，实现软件和硬件解耦后的各自独立，基于通用的计算、存储、网络设备并根据需要实现配置灵活性、可扩展性和移动性，并以此降低网络CAPEX和OPEX。其中，打破实体结构间的不可切割的障碍，可以在同一基站平台上同时用虚拟化技术承载多个不同类型的无线接入方案，完成接入网逻辑实体的实时动态功能迁移和资源伸缩，实现无线接入网内部各功能实体动态无缝连接，便于配置客户所需的接入网边缘业务模式。

八、网络切片技术

网络切片是5G时代将多样化的网络特性高效使能到不同行业的关键核心技术之一，在5G诸多技术中具有不可或缺的重要性，通过切片赋能垂直行业，实现定制化的网络提供。

网络切片技术是将运营商的物理网络划分为多个虚拟网络，并为每个虚拟网络分配合适的资源，针对不同虚拟网络用户和产品应用需求（比如时延、带宽、安全性和可靠性等），提供与之匹配的总体功能和服务参数。一个网络切片将构成一个端到端的逻辑网络，按切片需求方的需求，灵活地提供一种或多种网络服务。

5G时代，移动网络服务的对象/应用场景/需求均呈现多样化的发展趋势，如超高清视频、VR、大规模物联网、车联网等不同的场景对网络的移动性、安全性、时延、可靠性，甚至是计费方式的要求各异，因此，需要将一张物理网络分成多个虚拟网络，每个虚拟网络面向不同的应用场景需求，如图1-3所示。虚拟网络间是逻辑独立的，互不影响。从切片角度讲，可以将传统的4G核心网络（Evolved Packet Core，EPC）看作服务于全部移动设备的大切片，但是基于单一统一的网络架构来同时满足所有的设备服务请求是不高效的，也是不容易实现的，因此未来的网络将基于网络切片技术从"一体适用"（one size fits all）向"面向服务适用"（one size per service）过渡。

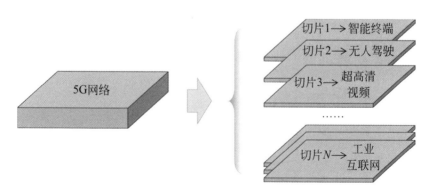

图 1-3　网络切片功能示意图

（资料来源：赛迪智库整理，2020 年 8 月）

网络切片是一个端到端的复杂的系统工程，实现起来相当复杂，需要经过三个穿透的网络：接入网络、核心网络、数据和服务网络。实现网络切片，NFV/SDN 是先决条件，同时包含 MEC 资源和功能，不同的切片依靠 NFV 和 SDN 通过共享的物理/虚拟资源池来创建。

九、超密集异构组网技术

5G 系统既包括新的无线传输技术，也包括现有的多类型无线接入技术的后续演进，5G 网络必然是 5G、4G、LTE 及 Wi-Fi 等多种无线接入技术共存的网络，既有负责基础覆盖的宏站，也有承担热点覆盖的低功率小站，如 Micro、Pico、Relay 和 Femto 等多层覆盖异构网络。此外，为满足 5G 时代激增的移动数据流量需求，通过部署"密集化"的无线网络基础设施的超密集组网技术得到广泛关注，以实现更高的频率复用效率，从而在局部热点区域实现百倍量级的系统传输容量的提升。超密集组网的典型应用场景主要包括办公室、密集住宅、密集街区、校园、大型集会、体育场、地铁、公寓等。

此外，5G 性能提升还需依赖超密集组网提升空间复用度，小基站技术应运而生，可有效增加网络密度并解决 5G 信号在室内无法覆盖的问题。减小小区半径，提高频谱资源的空间复用率，以提高单位面积的传输能力，是保证未来支持千倍业务量增长的核心技术。5G 所使用的无线频率导致小区覆盖范围大幅缩小，传统无线通信系统通过小区分裂实现小区半径降低的方法将难以使用，只能通过增加低功率节点数量的方式提升系统容量，即增加站点部署密度。根据预测，未来无线网络中，在宏站的覆盖区域中，各种无线传输技术的各类低功率节点的部署密度将达到现有站点部署密度的 10 倍以上，站点之间的距离达到 10 米甚至更小，支持高达每平方千米

25000个用户，甚至将来激活用户数和站点数的比例达到1∶1，而形成超密集异构网络❶。

在超密集异构网络中，网络的密集化使得网络节点离终端更近，带来了功率效率、频谱效率的提升，大幅提升系统容量以及业务在各种接入技术和各覆盖层次间分担的灵活性。虽然超密集异构网络具有众多优势，但在实际应用中仍需解决5G网络中无线接入技术间同频部署、不同无线接入技术间共享频谱、不同覆盖层次间干扰所带来的性能损伤等问题。

十、云计算及边缘计算

云计算是采用使用量付费的模式，提供可用、便捷、按需的网络访问，进入可配置的计算资源共享池（资源包括网络、服务器、存储、应用软件、服务），使资源能够被快速提供，这个过程只需投入很少的管理工作，或与服务供应商进行很少的交互。云计算是SDN/NFV的载体和基础，SDN/NFV所必需的弹性扩展、灵活配置以及自动化的管理都依赖于基础云平台的能力。

互联网教育免费提供课程、在线办公等应用持续升温，这些应用背后都需要云计算提供相关的基础支持。服务器被动扩容将拉动云计算产业链的旺盛需求，预计服务器、IDC、网络设备、光模块等细分领域厂商收入增速可观；时间放长，5G驱动数字流量爆发，将为行业长期发展注入十足动力。

近年来，多接入边缘计算（Multi-access Edge Computing，MEC）产业环境渐入佳境，标准化组织、运营商、设备商、互联网厂商等都在推动整个MEC产业的进程，特别是5G商用之后，MEC成为其

---

❶ 尤肖虎，潘志文，高西奇，等.5G移动通信发展趋势与若干关键技术[J].中国科学：信息科学，2014，44（5）：551-563.

关键技术之一。5G通信网络具有去中心化的特点，需要将小规模甚至是便携式数据中心部署在网络的边缘，以便对终端请求进行本地化处理，边缘计算可以靠近物或数据源头的一侧，将网络处理能力、数据存储和计算能力下沉到用户边缘，从而降低了网络时延，可更好地提供低时延、高宽带应用，这与5G网络特性不谋而合。

MEC通过开放生态系统引入新应用，应用场景可分为面向2B业务和面向2C业务。目前边缘计算面向2B业务的应用场景主要有工业互联网、智慧园区、视频监控等。而2C业务的主要应用场景有安卓云与云游戏、内容分发网络CDN、Cloud VR等。由于2B业务存在数据量大、实时性需求高、数据隐私保护等问题，相比2C业务对5G边缘计算需求更大，通常电信运营商更着重关注2B业务的价值。据IDC相关报告显示，未来智能终端与设备联网数量将大幅增加，其中50%的物联网网络将将面临网络带宽的限制，40%的数据需要在网络边缘分析、处理与储存。未来，5G与边缘计算应用场景将加速部署，带动5G基础设施和物联网解决方案的支出加快增长，边缘计算将成为与云计算平分秋色的新兴市场。

基于上述关键技术，5G将发挥支撑整个经济社会数字化、网络化、智能化转型的关键新型基础设施的重要作用，渗透到未来社会的各个领域，以用户为中心构建全方位的信息生态系统。5G将使信息突破时空限制，提供极佳的交互体验，以无缝融合的方式实现人与万物的智能互联。5G将为用户提供光纤般的接入速率，"零"时延的使用体验，千亿设备的连接能力，超高流量密度、超高连接数密度和超高移动性等多场景的一致服务，实现业务及用户感知的智能优化，同时将为网络带来超百倍的能效提升和超百倍的比特成本降低，最终实现"信息随心至，万物触手及"的总体愿景。

第二节
5G关键性能指标与应用场景

一、关键性能指标

国际电信联盟(International Telecommunication Union, ITU)在ITU-RM.2083-0(2015)建议书中, 确定了八项5G关键能力指标, 分别为用户体验速率、频谱效率、移动性、端到端时延、用户峰值速率、连接数密度、流量密度和能量效率指标, 如图1-4所示。

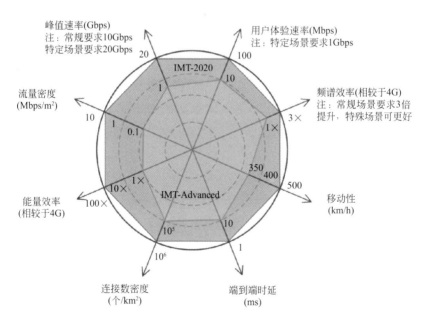

图 1-4 八项 5G 关键能力指标

[数据来源: ITU-RM.2083-0(2015)建议书, 赛迪智库整理, 2020年7月]

表1-1中对比了4G和5G的关键能力指标。5G需要具备比4G更高的性能，支持100Mbps到1Gbps的用户体验速率，每平方千米一百万的连接数密度，毫秒级的端到端时延，每平方千米数十太比特每秒（Tbps）的流量密度，每小时500km以上的移动性和数十吉比特每秒（Gbps）的峰值速率。其中，用户体验速率、连接数密度和时延为5G最基本的三个性能指标。同时，5G还需要大幅提高网络部署和运营的效率，相比4G，频谱效率提升5～15倍，能效和成本效率提升百倍以上。

表1-1 5G关键能力指标及其与4G的对比

指标名称	含义	5G	4G
用户体验速率 /Mbps	真实网络环境下用户可获得的最低传输速率	100～1000	10
连接数密度 /（个/km²）	单位面积上支持的在线设备数量	10^6	10^5
端到端时延 /ms	数据包从源节点开始传输到目的节点正确接收的时间	1	10
移动性 /（km/h）	满足一定性能要求时，收发双方间的最大相对移动速度	500+	350
流量密度 /（Mbps/m²）	单位面积区域内的总流量	10	0.1
用户峰值速率 /Gbps	单用户可获得的最高传输速率	10～20	1
频谱效率 （相对于4G）	每小区或单位面积内，单位频谱资源提供的吞吐量	（3～5）×	1×
能量效率 （相对于4G）	每焦耳能量所能传输的比特数	100×	1×

数据来源：赛迪智库整理，2020年7月。

二、应用场景

基于5G关键性能优势，ITU规定了5G三大应用场景，分别为增强型移动宽带（enhanced Mobile Broadband，eMBB）、高可靠低时延通信（ultra Reliable Low Latency Communication，uRLLC）以及海量机器类通信（massive Machine Type of Communication，mMTC）。三大应用场景全面覆盖To B端和To C端，可催生出新型产业形态与商业模式，如图1-5所示。

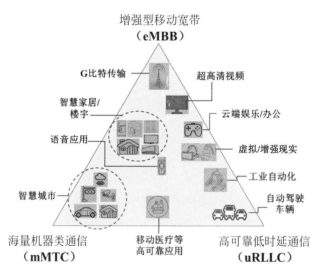

图 1-5　5G 三大应用场景示意图

（资料来源：3GPP，赛迪智库整理，2020年7月）

增强型移动宽带（eMBB）场景是指在现有移动宽带业务场景的基础上，对于用户体验等性能的进一步提升。根据Cisco相关数据显示，2017—2022年期间，全球IP视频流量将增长3倍，占IP总流量的比重将从2017年的75%增长到2022年的82%，相关视频平台的数据需求将成为 5G eMBB 应用场景的重要驱动力。目前，高清视频将成为消耗移动通信网络流量的主要业务。5G 为该场景带来最直观的感受即为网速的大幅提升，追求人与人之间极致的通信体验，对应的是 3D/超高清视频等大流量移动宽带业务，峰值能够达到 10Gbps。5G 初期将以增强型移动宽带业务为主，其应用场景主要有 3D/超高清视频远程呈现、可感知的互联网、超高清视频流传输、高要求的赛场环境、宽带光纤用户以及虚拟现实领域。

高可靠低时延通信（uRLLC）应用对时延和可靠性具有极高的指标要求，面向如自动驾驶（车联网）、工业控制等垂直行业的特殊应用需求。该场景下的主要应用有工业控制、交通安全和控制、远程制造、远程培训、远程手术等。工业自动控制需要时延大约为 10 毫秒，这一要求在 4G 时代难以实现。而在无人驾驶方面，对时延的要求则更高，传输时延需要低至 1 毫秒，而且对安全可靠的要求极高。

海量机器类通信（mMTC）主要体现物与物之间的通信需求，有低功耗、大连接等特点，面向智慧城市、环境监测、智能农业、森林防火等以传感和数据采集为目标的应用场景。这类终端分布范围广、数量众多，不仅要求网络具备超千亿连接的支持能力，满足 100 万个/km^2 的连接数密度指标要求，而且还要保证终端的超低功耗和超低成本。5G 低功耗、大连接和低时延高可靠场景主要面向物联网业务，作为 5G 新拓展出的场景，重点解决传统移动通信无法很好地支持物联网及垂直行业应用的问题。据全球移动通信系统协会（GSMA）《2020 年移动经济》报告数据预测，2025 年全球物联网设备量连接总规模将达到 246 亿，市场空间广阔。

第三节

技术演进路线

一、5G技术路线

　　5G存在新型空中接口技术（新空口技术）、4G演进技术两条技术路线，见图1-6。前者重点针对新场景及新频段需求开发应用新技术，不考虑与4G的兼容性；后者基于现有4G框架引入增强型新技术，在保证兼容性的同时实现性能的进一步提升，可在一定程度上满足5G场景与业务需求。由于4G演进技术路线无法完全满足5G的极致性能需求，新空口技术路线将是5G的主要演进方向。（注："空中接口"是指移动终端与基站之间无线通信的一系列技术规范。）

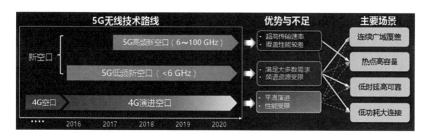

图 1-6　5G 技术路线对比

（数据来源：赛迪智库整理，2018年7月）

　　5G技术的演进与标准化冻结是密不可分的。5G标准化工作主要由ITU和第三代合作伙伴计划（3rd Generation Partnership Project，3GPP）两个国际组织负责。前者是联合国官方机构，主要负责评估、确定标准；后者是由各主要国家行业协会组成的民间组织，负责讨论、确定技术细节。2015年，ITU 公布5G路线图，将标准化工作分为三个阶段：2015—2017年确定技术需求与评估方法，2018年征集标准提案，2020年完成标准制定。据此，3GPP制定了5G Rel-14/15/16/17时间表，见图1-7。

图1-7　5G 标准化工作时间表

（数据来源：赛迪智库整理，2020年12月）

二、5G国际标准化工作进展

5G国际标准是一个标准集合，包括关系网络整体架构的组网标准、安全技术标准、信道编码标准、融合业务标准。5G标准非静态概念，而是一个不断升级的演进过程。按照ITU IMT-2020（5G）工作计划：2015年中完成IMT-2020国际标准前期研究，2016年开展5G技术性能需求和评估方法研究，2017年底启动5G候选方案征集，2020年底完成标准制定。ITU 无线通信部门（ITU-R）国际移动通信工作组第35次会议确定，3GPP系的5G标准成为唯一被国际电联认可的IMT-2020国际移动通信系统标准。

随着技术标准的不断完善，2017年3月3GPP通过5G加速提案，于2018年3月正式冻结非独立组网5G新空口标准，于2018年9月冻结独立组网5G新空口标准。目前全球范围正在启动中的5G商用服务，主要还是基于2019年3月版标准的Rel-15 NSA模式，受垂直物联网业务的驱动，Rel-15 SA模式组网也将加快部署推进。

Rel-16作为5G第二阶段标准版本，已主要关注垂直行业应用及整体系统的提升，主要功能包括面向智能汽车交通领域的5G-V2X，在工业IoT和uRLLC增强方面增加可以在工厂全面替代有线以太网的5G NR能力，如时间敏感联网等，包括LAA与独立非授权频段的5G NR，其他系统提升与增强，包括定位、MIMO增强、功耗改进等。受Rel-15 Late drop版本冻结时间推迟以及2020年新冠肺炎疫情等情况的影响，Rel-16规范冻结时间由原定的2019年12月推迟至2020年7月。5G Rel-16增强了5G的功能，同时兼顾了成本、效率、效能等多种因素，使通信基础投资发挥更大的效益，催生新的数字生态产业，进一步助力社会经济的数字转型。

据不完全统计，在全球运营商对Rel-16标准的文稿贡献中，我国企业的贡献占比约为40%，位居首位。此外，欧洲主导了14个，美国9个，日本4个，韩国2个。Rel-16标准的完成和发布表明，通信设备制造商可依据该版本进行相应产品的研发、测试和商用，加快5G网络部署速度，进一步推动5G市场从传统的运营商服务扩大到更多垂直行业应用服务中。同时，3GPP也正式启动了Rel-17技术标准的研究工作，规划了Rel-17的主要技术特征和计划时间表，继续对现有版本的标准进行增强演进。

在2019年6月RAN#84会议上，确定了Rel-17标准推进的关键时间点，2020年12月RAN#86会议上最终确认批准Rel-17的内容，后面开始正式Rel-17规范制定，并计划于2022年6月冻结规范。目前讨论工作区里的Rel-17潜在方向包括：NR Light（针对MTC、可穿戴等中档NR设备）、小数据传输优化、用于D2D直联通信的Sidelink增强技术、52.6GHz以上频率通信、多SIM卡操作、NR多播/广播、覆盖增强、非陆地网络NR、定位增强、RAN数据收集增强、NB-IoT和eMTC增强、IIoT和uRLLC增强、MIMO增强、综合接入与回传增强、非授权频谱NR增强以及节能增强等技术。

组网方面标准。2017年12月ITU 3GPP无线接入网第78次全体会议上，5G非独立组网（Non-Standalone，NSA）首发版本正式冻结并发布，这是全球第一个可商用部署的5G标准。5G NSA组网是一种过渡方案，主要以提升热点区域带宽为主要目标，没有独立信令面，依托4G基站和核心网工作。

2018年6月14日，国际电信标准组织3GPP在美国举行全体会议，5G独立组网（Standalone，SA）方案获得批准并发布，这标志着5G完成第一阶段全功能标准化工作，进入了产业发展新阶段。不同于5G Rel-15 NSA版本，5G Rel-15 SA采用崭新设计思路的全新架构，在引入全新网元与接口的同时，大规模采用网络虚拟化、软件定义网络等新技术。Rel-15协议版本主要是聚焦eMBB场景，而uRLLC和mMTC行业应用场景将在后续版本中进一步研究。

在NSA模式中，4G基站（eNB）和5G基站（gNB）共用4G核心网EPC，eNB为主站，gNB为从站，控制面信令经过4G通道至EPC。在SA模式下，基站为5G基站（gNB），核心网为5G核心网（NG）。5G SA可降低对现有4G网络的依赖性，更好地支持5G大带宽、低时延和大连接等各类业务，并可根据场景提供定制化服务，满足各类崭新业务的需求。

此外，在2018年2月举办的国际电信联盟第15研究组全会上，我国代表团提交的切片分组网（Slicing Packet Network，SPN）、面向移动优化的光传送网（Mobile-optimized Optical Transport Network，M-OTN）等5G传送网络解决方案正式获准立项研究，标志着5G承载网研究进入新的阶段，也是我国企业推动5G传送网标准研究的里程碑。其中，SPN概念由中国移动提出并主导完成标准立项，获得了全球超过16家运营商和厂商的支持，体现了我国运营商及设备商在5G传输领域研究的领先优势。

安全技术规范方面标准。在2018年2月举行的3GPP会议上，3GPP完成了5G一阶段的安全技术规范，定义了5G系统中的认证、加密、完整性、切换安全、互操作安全、网络域安全和信令核心网安全等安全要求，为5G的实施提供了安全保障。在2018年3月举办的国际电信联盟第17研究组（ITU-TSG17）会议上，中国移动成功主导了"5G系统量子安全算法应用指引"标准立项，这是ITU-T首个关于5G安全的标准立项。

信道编码方面标准。2016年11月17日，在3GPP无线接入网第187次会议的5G短码方案讨论中，中国华为公司主推的极化码（Polar Code）方案成为5G控制信道eMBB场景编码的最终方案，美国高通主推的低密度校验（Low Density Parity Check，LDPC）码成为eMBB场景数据信道的上行和下行短码方案，此前LDPC为5G中长码编码确认方案。

融合业务方面标准。2018年5月，在ITU-TSG12及SG20全会上，中国移动在多媒体、交通、医疗、家庭等领域牵头完成视频通话业务质量监控模型研究、5G网络新业务用户体验研究、AR业务用户体验研究、5G网联无人机、智慧医疗蜂窝无线网络能力、智能家庭设备空闲计算能力开放、基于网络的自动汽车辅助驾驶相关的功能或参考架构等七个项目的立项，这些项目将为5G网络下新型多媒体业务的质量评估提供评测标准体系，推动蜂窝网在相关垂直行业的深度融合发展和应用。

三、B5G及6G远景展望

随着5G无线通信系统的发展，5G网络基础设施建设和终端设备已逐步定型并步入商用阶段。通信技术十年一个发展周期，目前5G演进（Beyond 5G，B5G）和第六代移动通信系统（6G）研究已成为学术界和产业界瞩目的重要领域。图1-8呈现了5G、B5G、6G发展情况。

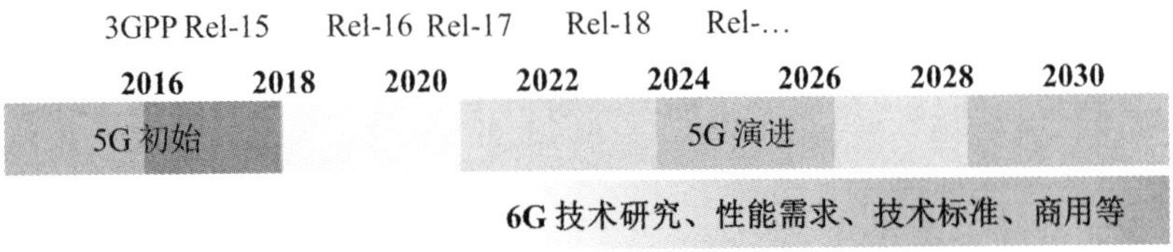

3GPP Rel-15	Rel-16	Rel-17	Rel-18	Rel-...			
2016	2018	2020	2022	2024	2026	2028	2030

5G 初始　　　　　　　　　　　　　　5G 演进

6G 技术研究、性能需求、技术标准、商用等

图 1-8　5G、B5G、6G 发展时间表

（资料来源：赛迪智库整理，2020 年 8 月）

6G将向T比特传输速率、更高谱效和更可靠等方向发展，同时为增强网络功能和服务，对智能自组织网络的需求也越来越迫切，以实现自动智能网络功能调整、资源管理维持、高性能指标维护等。根据Saad W等人在IEEE Network上发表的有关6G无线系统远景的文章所述[1]，为保证应用服务的可靠稳定运行，6G系统可能需要的关键支撑技术包括THz通信、集成多频段收发、边缘AI、全息射频和全息MIMO、空天地一体化网络、量子计算和通信等。5G、B5G及6G技术应用性能需求指标对比，如表1-2所示。

基于上述性能指标，6G主要驱动应用将包括提供完全沉浸式体验的扩展现实（Extended Reality，XR）应用、严格满足速率-可靠性-时延性要求的互联机器人自治系统（Connected Robotics and Autonomous Systems，CRAS）、实习手势控制和触觉传递的无线脑

---

[1] Saad W, Bennis M, Chen M. A Vision of 6G Wireless Systems: Applications, Trends, Technologies, and Open Research Problems[J]. IEEE Network, 2020, 34(3): 134-142.

表1-2 5G、B5G、6G技术应用性能需求对比

类目	5G	B5G	6G
应用类型	eMBB uRLLC mMTC	可靠 eMBB uRLLC mMTC uRLLC+mMTC 融合应用	MBRLLC mURLLC HCS MPS
终端设备 类型	智能手机、 传感器、无 人机等	智能手机、传感器、无 人机、XR 设备等	传感器和 DLT 设备、 CRAS、XR、脑机交互 设备、智能植入物等
单位面积频 谱效率和能 量效率	$10\times$bps/Hz/ m^2/J	$100\times$bps/Hz/m^2/J	$1000\times$bps/Hz/m^2/J
速率指标	20Gbps	100Gbps	1Tbps
端到端时延 要求	5ms	1ms	小于 1ms
信号处理 时延	100ns	50ns	10ns
端到端可靠 性指标	99.999%	99.9999%	99.99999%
通信频带	Sub-6GHz 毫米波固定 接入	Sub-6GHz 毫米波固定接入	Sub-6GHz 毫米波固定接入 探索 THz 和非射频如可 见光通信

数据来源：赛迪智库整理，2020年8月。

机交互（Brain-Computer Interactions，BCI），以及基于uRLLC+mMTC深度融合的区块链和分布式账本技术（Distributed Ledger Technologies，DLT）。

互联网作为支撑未来若干年全球信息传输基础设施的主导体系架构，正面临前所未有的技术挑战。6G技术发展目标并不是通过简

单地探索更高频段和更大容量来实现，而是由各种各样的应用程序和支撑技术驱动的。迈向6G首先要在毫米波及THz实现MBRLLC和移动性管理，进而实现三个"过渡"：一是从以无线电为中心的系统设计（即3GPP）过渡到AI驱动的智能端到端3CLS协同设计；二是从智能手机基站范式过渡到智能表面与人类嵌入式植入物通信的新时代；三是3D空间中进行6G性能分析和优化，要从简单的平均处理转向细粒度分析以满足QoPE指标。

B5G和6G国际进展方面，2017年启动Terapod、Terranova多个跨国计划以及6G基础技术研究项目，提出研发超高速太赫兹创新无线通信技术。2018年1月，我国工信部启动6G相关研究，汇聚产学研用各方力量探讨6G愿景、重点方向及工作建议；2019年6月，我国正式成立IMT-2030（6G）推进组，作为推动6G发展的产业平台。2018年日本开发出一种超高速集成电路，实现300GHz频段100Gbps高速无线数据传输。2019年1月，韩国政府宣布计划在2026年启动6G试点，在2028—2030年正式实现6G商用，计划投资达9760亿韩元，目前韩国6G研发项目已经取得阶段性进展，已通过"可行性调研的技术评估"；在韩国科学与信息通信技术部已选定的14个战略课题中，用于6G的100GHz以上超高频段无线器件研发为"首要"目标；三星、LG、韩国电子通信研究院等成立了多个6G研发中心，加速探索研究、制定6G标准。2019年3月，美国联邦通信委员会（FCC）开放95GHz～3THz频段，用于6G技术试验使用；截至2020年6月，Space X的卫星互联网"Starlink"项目已经合计发射九批713颗近地卫星，为6G的全覆盖通信做准备。2020年4月，日本制定2030年实现通信速度是5G的10倍以上的《Beyond 5G推进战略纲要（草案）》，计划通过官民合作来推动增强利用Beyond 5G作为平台的软件、设备和应用领域的国际竞争力。

第二章

5G发展现状

第一节
5G产业竞争热点

　　信息通信技术具有很强的经济社会溢出效应，每次信息通信网络的迭代升级，都会促进经济社会发生跨越式发展。5G作为下一代移动通信网络，其大规模部署应用，将极大促进车联网、物联网、智慧城市、无人机网络等领域跨越式发展，另外5G还将推动工业、医疗、安全等领域变革性创新，将极大地提升这些领域的生产效率，以及创新出新的生产方式。自2G以来，全球移动通信产业竞争的焦点主要集中在频谱资源划分和技术标准制定两方面。

一、频谱资源

　　随着系统容量、传输速率需求的持续增长，有限的频谱已成为产业发展的核心资源。未来，5G将采用高低频段搭配的部署方式，以低频段满足物联网场景的广覆盖需求，以高频段满足移动互联网的高速率需求。

2015年以来，世界无线电通信大会WRC相继确定了5G第一阶段（Phase1）中低频通信频段和第二阶段（Phase2）毫米波通信频段。其中，中频段通信频段资源包括470～694MHz、1427～1518MHz、3300～3400MHz、3600～3700MHz、4800～4990MHz；新增毫米波通信频段资源为24.25～27.5GHz、37～43.5GHz、66～71GHz共14.75GHz带宽；同时保护相同频段的卫星间业务、卫星固定业务，以及相邻频段卫星地球探测、射电天文无源业务。

由于中低频段大部分已被占用，5G可用频段较少。各国在频段划分及发展策略上缺乏统一认识，但普遍认为尽早确立频谱可掌握更大的话语权。2018年以来，全球主要国家加快了5G推进步伐，中国、美国、日本、韩国纷纷颁发5G商用牌照，通过国家/地区商用策略推进频谱资源计划网络部署。美国基于IT优势重点发展6GHz以上的高频段，于2016年7月率先划定4个高频段频谱；欧洲依赖CT优势侧重于6GHz以下的中低频段，于2016年11月发布5G频谱战略。我国采取的是先低频后高频的发展策略，但频谱划分进度落后于美国和欧洲。由于我国低频段资源稀缺，高频段相对丰富，且高频芯片及元器件实力薄弱，因此我国优先确定了4个中低频5G试验频段，并于2017年6月正式划分了2个低频频段，截至目前共划分2.6GHz左右、3.5GHz左右及4.8～4.9GHz的频率资源，同时重新划分703～733MHz的和758～788MHz的频谱用于中国广电发展5G，填补频段缺口。但我国在毫米波频段划分方面的进展落后于美国和欧洲，为促进5G技术和产业进展，需要加快频谱研究和划分工作。

二、国际标准

移动通信标准的确立直接影响到产业竞争格局乃至国家信息安全。自2G出现国际标准以来，通信强国间的标准之争日渐激烈，2G、3G、4G均是多标准并立局面。出于降低研发、部署和使用成本的考虑，5G时代制定全球统一标准已成为业界的共同呼声，因而标准之争将更加激烈。掌握核心技术专利数目的多少是全球通信设备厂商评判自身实力强弱的重要标准。在信息通信领域，标准和专利是产业竞争的制高点，掌控了必要标准和专利，就等于掌握了移动通信技术产业的命脉。5G是支撑整个经济社会数字化、网络化、智能化转型的关键新型基础设施，5G标准和专利技术会对信息通信产业发展产生重大影响，甚至对全球经济乃至世界格局产生重要影响。

为抢占未来市场，当前全球多个国家已竞相展开5G网络技术开发，都在投入大量资金用于5G网络技术的研发。全球各大国正积极展开5G科技博弈，投入大量资源开发5G技术，旨在控制5G的模式、架构和议程，进而增大5G产业链发展话语权。

全球5G竞争已经超越了技术产业竞争范畴，美国把发展新一代移动通信技术作为赢得新一轮国际竞争的重要抓手，以政治、经济、外交等各种手段为本国企业赢得5G竞争助力。2018年以来，美国及其盟国频频以国家安全为由，对我国5G产业相关重点企业实施打压。2018年8月初，美国将我国5G中高频器件领域多家骨干研究机构列入"出口管制清单"；2018年8月中旬，美国总统特朗普签署法案，禁止美国政府部门采购华为等中国企业的产品服务；2018年8月23日，澳大利亚宣布禁止华为和中兴等中国企业供应5G网络设备。2018年11月19日，美国商务部工业与安全局提出了一份针对关键技术和相关产品的出口管制框架方案，并将面向公众进行为期一个月的意见征询，该文件列出了14个考虑进行管制的领域，包括生物技术、人工智能（AI）、数据分析、量子计算、机器人、脑机接口等在内的前沿技术，其中跟5G相关的许多重要技术都被列为出口管制清单范围。2019年5月，以美国为首的30多个国家代表就5G安全达成"布拉格提案"，对企业5G技术产品的安全和企业所在国家的意识形态、治理模式、法制建设等外在因素进行绑架。2019年5月15日，美国总统特朗普签署行政命令，宣布进入国家紧急状态，并禁止为"外国对手"拥有或掌控的公司提供电信设备和服务。2019年5月16日，美国商务部工业与安全局（BIS）将华为及其非美国附属的68家公司纳入"实体清单"，禁止美国企业和相关关联企业向华为出口芯片等相关产品和技术，华为要想购买或通过转让获得美国技术必须要经过美国政府许可，从而禁止华为从美国企业那里购买技术或配件。

我国移动通信起步较晚但发展迅速，已跻身国际标准核心圈。1G、2G时代，我国处于跟随位置，以市场应用为主；3G时代，我国实现突破，参与研发的TD-SCDMA成为三大国际标准之一；4G时代，我国实现同步发展，所主导的TD-LTE成为国际主流标准，截至2020年5月全球234家运营商持有TD-LTE服务频谱牌照，其中超过165家正积极使用TD-LTE商用网络。我国有望实现领跑，在核心技术领域取得更大突破，在标准制定方面获得更大的国际话语权。

据德国IPlytics平台数据统计，截至2020年5月中旬，全球5G标准必要专利族（Standard Essential Patent Families，SEPs）声明量已达到29586项，相较于2019年11月统计SEPs数量21006项，增加了约40%。图2-1中显示已声明的SEPs数量前十五名的公司，其中我国两大电信设备厂商华为和中兴（ZTE）分别位列第一名（5947项，占比20.1%）和第四名（2606项，占比8.8%），另外中国信科、OPPO、vivo和联想均上榜，声明SEPs数量分别为1108项、980项、

409项和270项。在声明的5G关键专利族方面（图2-1所示公司外的其他公司算入图2-2中其他），中国公司合计占比超过38%，位列全球首位，韩国、美国、芬兰和日本公司的5G SEPs数量占比分别为20.2%、14.3%、8.3%和6.1%，如图2-2所示。

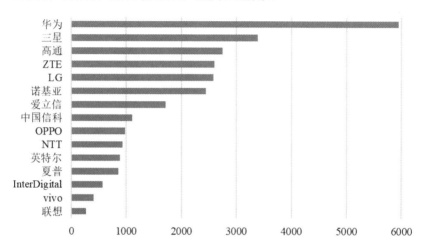

图 2-1 全球 5G 标准必要专利族统计情况（截至 2020 年 5 月 17 日）

（数据来源：赛迪智库整理，2020 年 8 月）

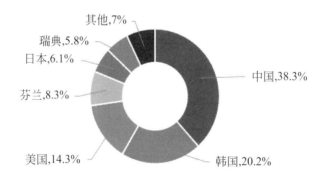

图 2-2 全球已声明 5G SEPs 的国家占比情况（截至 2020 年 5 月 17 日）

（数据来源：赛迪智库整理，2020 年 8 月）

第二节

我国5G发展规划及进展

一、总体进展情况

我国已在国家层面确定了5G发展规划并积极推动技术和产业发展。我国《国家中长期科学和技术发展规划纲要（2006—2020年）》《"十三五"规划纲要》《国家信息化发展战略纲要》等文件中明确了5G发展方向及要求，同时以国家科技重大专项方式支持5G技术研发。我国5G技术研发试验推进由IMT-2020（5G）推进组负责，其主要目标是支撑5G国际标准制定，推动5G研发及产业发展，促进全球5G技术标准形成。我国自2013年开始启动5G需求、频谱及技术趋势相关研究工作，2016—2018年完成了5G关键技术验证、5G技术方案验证和5G系统验证三个阶段技术研发试验，如图2-3所示。

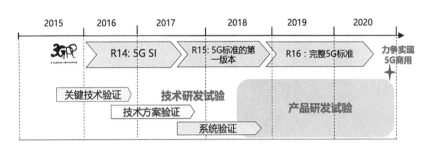

图2-3　我国5G试验的总体规划

（数据来源：赛迪智库整理，2018年8月）

2013年我国政府成立了IMT-2020（5G）推进组，组织架构基于原IMT-Advanced推进组，是聚合移动通信领域产学研用力量、推动5G移动通信技术研究、开展国际交流与合作的基础工作平台，该组织主要职能是推进5G在战略研究、关键技术研发、试验与应用示范、标准转化、知识产权、对外合作交流等工作。2016年1月7日，工业和信息化部启动了5G技术研发试验，此举意味着我国5G发展进入技术研发及标准研制的关键阶段。

我国于2016—2018年推进5G技术研发试验，包括5G关键技术验证、5G技术方案验证和5G系统验证三个阶段，2018年完成5G系统的组网技术性能测试和5G典型业务演示。根据总体规划，我国5G试验分两步走：第一步，2015—2018年进行技术研发试验，由中国信息通信研究院牵头组织，运营企业、设备企业及科研机构共同参与；第二步，2018—2020年，由国内电信运营商牵头组织，设备企业及科研机构共同参与5G相关试验。

第一阶段试验核心内容是关键技术验证。截至2016年9月，我国完成了5G技术试验第一阶段的测试工作，充分验证了大规模天线、新型多址、超密集组网、网络切片、移动边缘计算、控制承载分离、网络功能重构等关键技术在支持Gbps用户体验速率、毫秒级端到端时延、每平方千米百万连接等多样化5G场景需求的技术可行性。

第二阶段试验核心内容是5G技术方案验证。截至2017年底，第二阶段测试完成了面向5G新空口的无线技术测试，测试结果表明，利用现有5G新空口的关键技术和方案设计，可全面满足ITU所确定的峰值速率、时延、用户连接能力、流量密度等性能指标需求。2017年底前还完成了网络部分的测试。

第三阶段试验的核心内容是5G系统验证。第三阶段试验于2017年底至2018年初启动，在2018年底前完成，遵循5G统一的国际标准，并基于面向商用的硬件平台，重点开展预商用设备的单站、组网性能及相关的互联互通测试。2018年12月6日，工信部明确了三大电信运营商全国范围5G中低频段试验频率使用许可，中国移动将获得2.6GHz左右频率资源及4.8～4.9GHz频率资源，而中国联通与中国电信分别获得3.5GHz左右频段，如表2-1所示。其中2515～2575MHz、2635～2675MHz和4800～4900MHz频段为新增频段，2575～2635MHz频段为重耕中国移动现有的TD-LTE（4G）频段。

表2-1　我国4G（LTE）和5G中低频段频率使用情况

电信运营商	4G（LTE）	5G室内覆盖频段	5G商用频段	频宽
中国移动	1880～1900MHz 2320～2370MHz 2575～2635MHz	—	2515～2675MHz 4800～4900MHz	260MHz
中国联通	2300～2320MHz 2555～2575MHz	共用 3300～ 3400MHz	3500～3600MHz	100MHz
中国电信	2370～2390MHz 2635～2655MHz		3400～3500MHz	100MHz
中国广电	—		703～733MHz 758～788MHz	60MHz

数据来源：赛迪智库整理，2020年8月。

　　2019年6月6日，工业和信息化部向中国移动、中国电信、中国联通和中国广电四家电信运营商发布5G商用牌照，我国正式进入5G网络大规模建设部署阶段。2020年2月，工信部同意中国电信、中国联通、中国广电在全国范围共同使用3300～3400MHz频段频率并用于5G室内覆盖，通过共建共享5G室内接入网络的方式降本增效，提高服务水平，增强企业竞争力，此举有利于进一步满足三家基础电信运营企业对建设5G系统的频率使用需求，不断提高无线电频率的使用效率和效益，有力支撑5G高质量发展。此前，工信部已批准同意中国广电使用4.9GHz频段60MHz试验网频率开展试验，并向中国广电颁发了192号段。2020年4月，工信部发布《关于调整700MHz频段频率使用规划的通知》，明确将原用于广播电视业务的702～798MHz频段频率调整为用于移动通信系统，向中国广电颁发了频率使用许可证，许可其使用703～733/758～788MHz频段分批、分步在全国范围内部署5G网络，开放700MHz使用权。

网络部署方面，当前我国已建成全球最大的5G试验网，处在5G商用全球第一梯队，2018年8月，北京、上海、天津、重庆、广州、武汉、成都、杭州、南京、福州、沈阳、郑州、深圳、青岛、兰州、苏州、贵阳、雄安等18个城市和地区成为三大运营商首批5G试点地区。另外，根据三大运营商推进计划，2019年，中国电信、中国移动、中国联通已分别在至少40个城市覆盖网络，并在部分城市推出5G服务。

二、政策规划情况

2019年6月6日，中国工业和信息化部向我国电信运营商正式发放5G商用牌照，对整个5G产业链发展统一步调、协同发展具有重要意义。获得5G牌照以后，中国移动、中国联通、中国电信三大运营商和设备商可以大规模布局网络基础设施建设，推进5G终端创新应用场景，有利于加速5G网络基础设施建设成本回收等。此外，2019年中国5G的及早启动，使得中国5G产业在技术、标准及应用上建立先发竞争优势，有利于引领世界网络布局，还将对中国经济和世界经济带来利好，推动各行各业数字化、智能化革命，助推中国经济高质量发展。

2019年至今，中央相继发布加快推进5G基础设施建设的相关政策文件，全国各省将5G列为重点发展任务，在2019年底的全国工业和信息化工作会议上提出，稳步推进5G网络建设，深化共建共享。截至2020年底，我国已实现所有地级以上城市5G网络全覆盖。2020年3月，工信部印发《关于推动5G加快发展的通知》，提出推进5G网络建设、应用推广、技术发展和安全保障四大任务。

截至2020年8月，我国已有超25个省级行政区及近80个地级市陆续开展5G基础设施建设规划、产业发展行动计划以及5G应用试点布局，其中将突破5G关键核心技术和5G终端产业发展作为重点，部分5G产业规划梳理情况如表2-2所示。各地在政策保障上（表2-3），将5G建设以及相关工作分解，明确责任主体、共同推动5G网络建设和产业发展，并配套专项政策，提供财政补贴。地方5G正全面提速，政策统领，全面支持5G技术、应用、产业、平台发展，推动构建以5G为核心的下一代信息技术产业生态，打造高质量发展新动能。

表2-2 部分5G产业发展相关政策

发布时间	政策或标准	发布机构	政策内容
2016.7	《国家信息化发展战略纲要》	中共中央办公厅、国务院办公厅	到2020年，固定带宽家庭普及率达到中等发达国家水平，3G、4G网络覆盖城乡，5G技术研发和标准取得突破性进展
2016.8	《智能制造工程实施指南（2016—2020）》	工业和信息化部、国家发展改革委、科技部、财政部	初步建成IPV6和4/5G等新一代通信技术与工业融合的试验网络
2016.12	《"十三五"国家信息化规划》	国务院	加快推进5G技术研究和产业化，适时启动5G商用，积极拓展5G业务应用领域

发布时间	政策或标准	发布机构	政策内容
2017.1	《信息通信行业发展规划（2016—2020年)》	工业和信息化部	支持5G标准技术研究和技术试验，推进5G频谱规划，启动5G商用，到"十三五"末，成为5G标准和技术的全球引领者之一
2017.8	《扩大和升级信息消费三年行动计划（2018—2020年）》	国务院	提出加快5G标准研究、技术试验，推进5G规模组网建设以及应用示范工程，确保启动5G商用
2017.11	《第五代移动通信系统使用3300～3600MHz和4800～5000MHz频段相关事宜的通知》	工业和信息化部	结合我国无线频率的使用情况，确定了5G系统的使用频率，可以实现兼顾5G系统覆盖和大容量的基本需求
2017.11	《关于组织实施2018年新一代信息基础设施建设工程的通知》	国家发展改革委	重点支持5G规模组网建设及应用示范工程，指标要求包括：在6GHz以下频段，形成密集城区连续覆盖；全网5G终端数量不少于500个；向用户提供不低于100Mbps、毫秒级时延5G宽带数据业务；至少开展4K高清、VR/AR、无人机等典型5G业务及应用
2019.6	《鼓励外商投资产业目录（2019年版）》	国家发展改革委、商务部	增加鼓励外商投资领域。全国目录新增或修改条目80%以上属于制造业范畴，支持外资更多投向高端制造、智能制造等领域。新增条目包括5G核心元组件、集成电路用刻蚀机、芯片封装设备、云计算设备等

续表

发布时间	政策或标准	发布机构	政策内容
2020.3	《关于推动5G加快发展》	工业和信息化部	加快5G网络建设部署：加快5G网络建设进度，加大基站站址资源支持，加强电力和频率保障，推进网络共享和异网漫游。丰富5G技术应用场景：培育新型消费模式，推动"5G+医疗健康"创新发展，实施"5G+工业互联网"512工程，促进"5G+车联网"协同发展，构建5G应用生态系统
2020.3	《关于组织实施2020年新型基础设施建设工程（宽带网络和5G领域）的通知》	工业和信息化部、国家发展改革委	重点支持"基础网络完善工程和5G创新应用提升工程"建设，加快实施"宽带中国"战略，从重点方向、关键环节、创新方式、强化监管、协同推进等角度推动我国宽带网络和5G发展

资料来源：赛迪智库整理，2020年5月。

表2-3　重点省市5G产业相关政策

发布时间	省市	政策名称	政策内容
2020.6	辽宁省沈阳市	《沈阳市5G产业发展方案（2020—2021年)》	加快5G网络基础设施部署，开展5G工业应用技术研发。开展5G车联网技术攻关，加快5G创新平台载体建设，推进5G产业创新发展，推广5G融合应用，5G+工业互联网，5G+车联网，5G+医疗健康，5G+融媒体，5G+智慧文旅，5G+智慧教育，5G+城市治理，5G+智慧农业，优化5G产业空间布局

续表

发布时间	省市	政策名称	政策内容
2020.6	安徽省合肥市	《合肥市5G产业发展规划（2019—2022年）》	建设优质覆盖的5G基础网络，加强5G技术创新研发。大力发展5G重点产品，做优做强5G优势产业。加快5G领域科研布局，培养创新型人才，打造5G前沿基础技术科研基地，将5G+大数据、云计算、智能制造、人工智能、物联网等技术融入垂直行业数字化转型中，引领和推动垂直行业融合创新
2020.5	青海省	《关于加快推动5G产业发展的实施意见》	围绕"一带双圈多节点"空间布局开展城区、景区、工业园区、交通枢纽、大型场馆、医院、校园等场景5G基站部署。发展5G+工业互联网、智慧商务、生态环境保护、民生服务等领域。建设5G科技创新平台，积极培育引进5G企业，推进区域数据中心建设。加强5G网络基础设施保护，完善5G干扰协调机制
2020.5	河南省	《河南省加快5G产业发展三年行动计划（2020—2022年）》	打造5G研发创新基地，突破5G关键技术，紧跟5G发展趋势，推动射频芯片和模组、微波器件和天线、测试技术和装备、安全芯片等5G关键技术研发。开展5G应用场景试点示范，优先在智慧城市、智慧矿山、泛在低空、智慧农业、智慧教育、智慧能源、智慧旅游、新媒体等领域选树一批标杆应用场景，形成可复制推广的垂直行业应用模式。加快推进"5G+车联网"协同发展，积极参与相关标准制定及研发验证，打造国家级车联网先导区

续表

发布时间	省市	政策名称	政策内容
2020.4	云南省	《云南省5G产业发展实施方案》	培育AR/VR、4K/8K超高清视频等典型5G业务应用，初步形成产业集聚效应，形成多领域、多层次的5G网络安全保障体系。加快开展数字农业、数字林业、数字环保、智能制造、智慧能源、数字公安、数字应急、跨境电商、智慧物流等场景的示范应用，打造10个以上5G行业示范应用标杆，重点发展5G智能终端、光纤光缆、铁塔基础设施和服务等5G主导产业，培育壮大新兴产业
2020.4	陕西省西安市	《西安市加快5G系统建设与产业发展的实施意见》	重点推动产业发展，构建覆盖5G上、中、下游产业的较为完备的产业链。在先进制造、智慧城市、智慧全运、文化创意、人工智能、智慧物流、智慧医疗、智慧教育、车联网、无人机等领域形成20～30个5G创新应用示范案例，在超高清视频、AR/VR、移动安防等领域形成可复制可推广的商业应用模式
2020.4	湖北省黄冈市	《黄冈市5G产业发展行动计划（2020—2022年)》	加快5G网络基础建设，引进培育一批5G新型研发机构、制造骨干企业、信息服务企业、产业基地和5G创新中心，形成5G产业生态。推进智能制造应用、数字农业应用、智慧物流应用、智慧医疗应用、智慧教育应用、智慧旅游应用、智慧交通应用。营造发展氛围，举办行业应用高峰论坛和5G"双创"大赛

发布时间	省市	政策名称	政策内容
2020.4	山西省太原市	《太原市加快5G发展实施方案》	加快5G网络规划建设，积极营造5G生态，加快5G产业培育，加强5G与重点产业领域的融合应用，选择在软件开发、传感器、智能终端、人工智能等领域发展基础较好、发展潜力较大的企业，开展5G产品研发，推动5G与相关产业融合发展。推进5G+新型智慧城市、智慧政务、智慧金融、智慧产业园、智慧融媒体、智慧医疗、智慧物联、智慧教育、智慧司法、智慧交通、智慧旅游、智慧农业等建设
2020.4	广东省茂名市	《茂名市5G产业发展行动计划（2020—2022年）》	加快5G网络建设，大力推进5G智慧杆塔建设。大力发展5G产业，5G+智能制造、智慧农业、智慧文旅、智慧教育、智慧医疗、智能交通、智慧政务、智慧城市、智慧社区，5G+4K/8K超高清视频
2020.3	安徽省	《支持5G发展若干政策》	统筹基站布局，支持软件企业围绕云VR/AR、车联网、智能制造、智慧能源、无线医疗、个人AI辅助、智慧城市等场景应用，开发5G应用软件、控制系统、服务平台软件等。支持相关企业与高校、科研院所合作，建设5G创新中心、产业研究院、开放实验室等基地。建设5G应用示范园区，支持"5G+工业互联网""5G+智能制造""5G+车联网""5G+能源互联网"等重点产业应用，大力发展超高清视频产业，积极推广5G在智慧医疗、智慧教育、智慧养老、智慧农业等典型场景的示范应用

续表

发布时间	省市	政策名称	政策内容
2020.3	福建省	《福建省人民政府办公厅关于进一步支持5G网络建设和产业发展若干措施的通知》	加快制定建筑物通信基础设施建设标准，鼓励企业和高校院所重点围绕新型网络架构、编译码、高效传输、射频芯片、微波器件等领域开展5G关键共性技术攻关，支持企业在5G新型半导体材料、中高频功率放大器、滤波器、阵列天线、光芯片、智能网联汽车、无人机、AR/VR、超高清视频、工业互联网及终端应用产品等领域打造一批5G技术创新中心
2020.2	湖南省	《加快第五代移动通信产业发展的若干政策》	加快网络基础设施建设和产业化发展，统筹5G建设规划，完善5G建设管理，降低5G建设成本，优化5G建设环境，促进5G产业发展，拉伸5G产业链条，完善5G发展保障。支持产业融合应用，加快产业链条培育，鼓励发展基带、中高射频等5G高端芯片、化合物半导体，发展5G智能手机、高超清视频终端、VR/AR等终端产品
2020.1	宁夏回族自治区	《宁夏回族自治区人民政府办公厅关于促进5G网络建设发展的实施意见》	加快5G网络建设，编制5G网络通信基础设施建设规划，大力推进5G智慧杆塔建设，推进5G网络建设。加快推动5G+智慧农业、智能制造、智慧城市、智慧教育、智慧医疗、智慧交通、智慧旅游、融合媒体、5G+4K/8K超高清视频、虚拟现实/增强现实/混合现实（VR/AR/MR）产业示范应用

续表

发布时间	省市	政策名称	政策内容
2020.1	浙江省余姚市	《余姚市人民政府关于加快推进5G网络建设及应用促进和产业发展的实施意见》	到2022年底,把余姚建设成为5G网络建设先行区、5G融合应用创新区、5G产业发展示范区。加快5G网络建设,推进5G产业发展,依托光电产业基础,巩固提升、做大做强5G光电模块,拓展产业链条,加快引进推进5G射频前端核心元器件、5G通信模块、基带芯片等核心器件的研发和产业化,推动5G+产业转型升级
2019.11	山东省	《关于加快5G产业发展的实施意见》	网络设施建设方面,重点突出统筹布局、有序扩大试点范围,重点聚焦了工业互联网、文体旅游、智慧政务等11大领域。产业创新发展方面,重点聚焦5G核心产业和关联产业,通过做优做强5G核心产业,加快提升应用软件、云计算、智能装备、超高清视频等关联产业规模水平
2019.10	广东省东莞市汕头市	《东莞市加快5G产业发展行动计划（2019—2022年）》《汕头市加快5G产业发展行动计划（2019—2022年）》	聚焦优势产业,围绕"产业发展""网络建设"和"融合应用"等三个方面,加快产业集聚、招商引资、技术创新、基础设施建设及5G+智慧亚青、智能制造、智慧农业、4K/8K超高清视频、智慧教育、智慧医疗等重点领域应用试点示范建设等
2019.9	上海市	《上海5G产业发展和应用创新三年行动计划（2019—2021年）》	结合开展5G垂直行业应用标杆项目和创新应用示范基地建设,加快构建上海5G产业与应用融合生态体系。要求在重点环节加快突破,支持5G终端产业做大做强,引导终端制造企业实施基于5G的产品研发与产业化

续表

发布时间	省市	政策名称	政策内容
2019.9	辽宁省大连市	《大连市5G发展规划（2019—2023年）》	加快发展车/船载智能终端、虚拟现实/全息终端、消费机器人、工业机器人、智能可穿戴设备等5G新型智能终端，以及软件和信息技术服务业等5G优势产业
2019.9	福建省	《福建省加快5G产业发展实施意见》	加快5G网络设施建设、提升5G技术创新能力，在射频芯片和模组等5G关键技术上取得突破，大力发展5G智能手机、可穿戴设备等终端应用产品和整体解决方案
2019.9	山西省	《山西省关于加快5G产业发展的实施意见》《山西省加快5G产业发展若干措施》	加快5G产业培育，持企业创新平台建设、5G创业载体发展、积极开展5G产业链项目招商引资，支持5G创新应用，开展"5G+"垂直行业融合创新，大力发展5G产业
2019.9	辽宁省	《辽宁省5G产业发展方案（2019—2020年）》	提前布局5G网络，促进5G产业发展；壮大5G手机及行业终端研制，鼓励物联网终端生产企业与5G芯片、模组生产企业开展对接合作，扩大5G行业终端产业规模
2019.8	广西壮族自治区	《广西加快5G产业发展行动计划（2019—2021年）》	以5G创新为动力，促进产业转型升级，建设高水平5G科技创新平台，引入5G知名企业成立科技创新平台，形成自治区级别的5G融合应用技术创新中心和成果转化基地
2019.8	湖北省	《湖北省5G产业发展行动计划（2019—2021年）》	强调支持重点企业加快研发5G新型智能终端产品，加强国内外布局，开展5G传输、终端核心芯片和显示器件联合实验，推动超高清视频和5G产业协同发展

续表

发布时间	省市	政策名称	政策内容
2019.8	河北省	《河北省人民政府办公厅关于加快5G发展的意见》	加快5G产业发展和商用步伐,提升对数字经济的支撑作用。加速形成5G产业生态,突破5G关键芯片与器件等关键技术,培育5G设备与智能终端,补齐产业短板
2019.6	河南省	《关于加快推进5G网络建设发展的通知》	强调聚焦器件设计、关键材料制备等5G产业链关键环节,支持在超高清视频、智慧医疗、自动驾驶、车联网、工业互联网、智慧城市等领域开展试点示范应用
2019.6	湖南省	《湖南省5G应用创新发展三年行动计划(2019—2021年)》	围绕5G高端芯片、智能终端等核心产业链,积极开拓5G中高频和毫米波产品市场;基于典型垂直行业应用,重点发展移动智能终端、可穿戴设备等产品
2019.6	山东省	《促进5G创新发展行动计划(2019—2021年)》	加快推广5G融合应用,支持科研院所、企业在5G核心设备、芯片、器件、模组及终端等领域开展产品研发,培育形成具有自主知识产权的5G产品和解决方案
2019.5	广东省	《广东省加快5G产业发展行动计划(2019—2022年)》	打造世界级5G产业集聚区,重点发展5G基础材料、通信设备及智能终端制造等产业
2019.5	江苏省	《关于加快推进第五代移动通信网络建设发展的若干政策措施》	抢抓5G发展机遇,提升全市新一代信息基础设施建设与应用水平,促进5G产业高质量发展;建立5G业务增值研发平台,整合行业资源,做好供需对接,推动完善5G产业链

续表

发布时间	省市	政策名称	政策内容
2019.4	浙江省	《浙江省人民政府关于加快推进5G产业发展的实施意见》	全方位推进5G融合应用,打造5G发展新高地。做大补强5G产业链,重点发展射频芯片及器件、光模块和25G激光器芯片、全制式多通道射频单元、小基站和微基站、有源阵列天线等产品、超高清视频、AR/VR、无人机等产品和整体解决方案
2019.4	浙江省杭州市	《杭州市加快5G产业发展若干政策》《杭州市5G产业发展规划纲要（2019—2022年）》	鼓励企业产品创新、推动垂直行业融合创新、加快推动示范应用等多方面为5G产业发展提供保障,在与应用端结合紧密的模组及终端领域加大扶持力度
2019.2	江西省	《江西省5G发展规划（2019—2023年）》	推进5G应用商业化。依托智能终端、移动物联网等产业资源优势,大力推进5G在垂直领域的商业化拓展,重点研发适用于可穿戴设备、智慧城市等应用的5G智能终端产品
2019.1	北京市	《北京市5G产业发展行动方案（2019年—2022年）》	全面落实加快科技创新构建高精尖经济结构的战略部署,掌握5G创新主动权和发展权,构筑高端高新的5G产业体系
2019.1	河南省	《河南省5G产业发展行动方案》	推进5G核心器件研发和产业化,积极发展砷化镓、氮化镓等化合物半导体,大力发展5G智能手机、模组等终端应用产品
2019.1	重庆市	《重庆市人民政府办公厅关于推进5G通信网建设发展的实施意见》	统筹推进信息通信基础设施建设,实现5G规模部署和率先商用,推动数字经济与实体经济深度融合,重点任务包括推进杆塔和设施资源开放共享等

资料来源：赛迪智库整理，2020年8月。

第三节
其他主要国家与地区5G发展规划及进展

一、韩国

韩国政府制定了明确的5G发展路线图，2008年韩国政府启动了"以射束分割多址（BDMA）为基础的5G移动通信系统"的IT研发计划。2013年5月，韩国正式成立5G论坛，该论坛是整合韩国各界力量的5G发展平台。2013年末，韩国未来创造科学部发布了"5G移动通信先导战略"，计划于2020年开始提供5G商用服务。2017年，韩国发布了国家宽带和频谱规划（"K-ICT"），根据K-ICT计划，韩国科学和信息通信技术部将Sub-6GHz和毫米波频段中超过1000MHz的频谱拍卖给SK电信（SKT）、韩国电信（KT）、LGT三大电信服务提供商。2018年12月初，韩国SKT、KT、LGT三大电信服务提供商同时发布5G电波，拉开了"5G时代"序幕。

2019年4月，韩国宣布5G正式商用，已经开通约8.5万个5G基站，其中近90%位于首尔等五个大都市。三大运营商在85个城市地区使用5G商用智能手机并推出支持5G移动性的完整5G服务，用户可以办理5G套餐，商用首月韩国5G用户增长近30万。

2019年6月底，全世界5G用户数约213万人，其中韩国占比超过75%，超过排名第二的英国（15万）10倍，超过美国（10万）16倍。2019年韩国三家运营商受益于5G，收入均实现同比增长，LGU+收入增长5.6%，SKT收入增长5.2%，KT收入增长3.8%。截至2020年5月，韩国5G基站建设数量为11.5万个，据韩国科学技术信息通信部相关数据显示，2020年12月韩国5G网络流量首次超过

30万TB，截至2020年底韩国5G用户数量超过1100万，移动通信服务用户占比约为17%。

二、美国

美国主要通过发放频谱引导5G发展，由芯片、电信厂商主导5G技术及产业化发展。2016年，美国率先为5G划分高频段频谱；同时，美国国家科学基金会发布"先进无线研究计划"，投资4亿美元用于建设测试平台。高通等芯片厂商和Verizon等电信运营商分别主导5G技术和产业化发展。高通积极研发移动毫米波等技术，致力于5G新空口标准化工作并与全球20余家主流企业合作开展外场试验；英特尔开发出千兆级LTE调制解调器、5G移动实验平台等；Verizon、AT＆T等运营商已于2017年开始为部分城市提供预商用服务，Verizon于2018年10月开始提供5G家庭服务，T-Mobile于2019年实现达拉斯、纽约、洛杉矶、拉斯维加斯等26个大城市的5G网络覆盖。

美国提出系列倡议和指令，强调了5G的重要战略性，并制定了明确的路线图。2018年9月，白宫发布了"关于制定美国未来可持续频谱战略的总统备忘录"，强调美国需要领导5G，以促进国家安全和公共及私营领域的创新。美国FCC于2018年9月发布了"促进美国在5G技术计划中的优势"5G战略，该计划重点关注推动更多频谱进入市场，更新基础设施的政策和在现代化中过时的法规，从而促进美国的5G发展。

美国5G发展以高频段28GHz、37GHz、39GHz为主，中频段正在实验阶段。2018年底美国FCC举行了首次5G频谱拍卖，开启了28GHz频段。第二次拍卖在2019年4月，拍卖了24GHz频段。在美国政府的支持下，美国通信行业Verizon、AT＆T、Sprint和T-Mobile

正努力开发和部署美国5G网络和5G设备。Verizon和AT＆T专注于开发高频毫米波网络，并且正在各种测试城市中为移动和固定应用部署小型蜂窝；Sprint采用毫米波和中频频谱的联合方法来构建其网络；T-Mobile专注于毫米波和低频段频谱。美国目前在分配给5G的低频和高频频段频谱数量方面居世界领先地位，但在5G专用的中频段频谱分配上进展缓慢。2020年2月，美国FCC与多家卫星企业达成协议，释放可用于5G服务的C频段频谱。

美国四大运营商Verizon、T-Mobile、AT&T及Sprint在Sub-6GHz及毫米波频段上的5G建设发展情况各异，优先发展毫米波频段。Verizon在美国31个城市部署了基于毫米波技术的增强型移动带宽服务，2020年推出5G热点、家庭MIFI等多种5G设备。T-Mobile的5G网络现在已经覆盖了美国2亿多消费者。2020年4月，T-Mobile与Sprint正式合并，基于Sprint拥有的2.5GHz中频段以及T-Mobile拥有的600MHz低频段和毫米波高频段，新合并的New T-Mobile可利用低、中、高频段三层组网，进一步扩大覆盖范围。AT&T不断拓展5G网络覆盖范围，于2020年7月实现包括达拉斯、盐湖城、奥斯汀等在内的355个城市5G网络覆盖。

三、日本

日本较早展开5G相关工作，于2013年设立5G研究组"2020 and Beyond Ad Hoc"，组织多家主流企业联合进行关键技术研发。2014年日本成立5G移动论坛，以推动5G的研究和发展，协调各组织的5G工作，提升对5G的普遍认知。2016年，日本内政和通信部（MIC）发布了2020年实现5G的无线电政策战略文件，该文件展示了其对5G的承诺和未来部署。日本软银于2016年宣布启动"5G Project"项目并率先将Massive MIMO技术正式投入商用；2019年4

月，日本政府向NTT都科摩（NTT Docomo）、KDDI、软银及乐天移动4家电信运营商分配了5G频段（3.7GHz、4.5GHz、28GHz），并颁发了基站开设认定书。

NTT Docomo分配5G频段为3600～3700MHz、4500～4600MHz和27.4～27.8GHz频段；KDDI分配5G频段为3700～3800MHz、4000～4100MHz和27.8～28.2GHz频段；软银分配5G频段为3900～4000MHz和29.1～29.5GHz频段；乐天移动分配5G频段为3800～3900MHz和27.0～27.4GHz频段。以上4家电信运营商从2020年3月开始陆续推出全面的高速大容量服务，力争于2022年3月为47个都道府县提供5G网络服务，预计五年内5G基站合计建设投入将超过1.6万亿日元。除了服务于东京奥运会和残奥会，日本的5G验证实验主要集中在5G高分辨率图像传输，应用于娱乐和旅游。另外，日本5G应用的开发也准备解决偏远地区日益严重的劳动力和资源短缺问题。

日本通信设备商通过合作研发展开市场布局，2020年以高频段27.5～29.5GHz为主，兼顾中频段，维持4G时代优势，重点利用毫米波以用于低时延、高可靠的应用场景推动运营商全面开展5G网络部署。2020年2月，富士通获得日本关东电信局颁发的日本首个私营5G无线电台临时牌照。软银于2020年3月底宣布在日本推出5G服务。到2023年底，日本5G基站数量计划增加到21万个。

四、欧洲

欧洲主要通过政府、产学研各界共同合作发展5G。2012年，欧盟启动全球首个大型5G项目METIS，开展5G概念、需求和关键技术研究；2014年成立5G公私合资合作研发机构（5G Infrastructure Public Private Partnership，5GPPP），推动各界合作开展5G技术研发；

2016年公布《5G行动计划》，计划于2017年开始测试、2018年启动预商用、2025年在城区和主要交通线实现5G覆盖。

欧洲通信设备商、电信运营商也积极推动5G技术及产业化发展。爱立信成立5G专案，与剑桥大学等高校开展技术合作，并与各领域企业合作推进5G在交通运输、物联网、电力、公共安全等领域的应用；2016年，英国电信、沃达丰等17家欧洲电信运营商发布"5G宣言"，在2020年推进5G商用；2017年8月，华为、爱立信、意大利电信和沃达丰开始于意大利建设欧洲第一张5G预商用网络。

2020年欧洲各国密集展开5G频谱拍卖。法国2020年开始拍卖5G频谱，获得牌照的运营商于2020年底前在至少两个城市启动5G服务。荷兰首批5G频谱在2020年7月完成拍卖。受2020年新冠肺炎疫情影响，英国于2021年3月完成700MHz和3.6～3.8GHz频谱拍卖分配。罗马尼亚等国家5G频谱拍卖延迟至2021年。预计未来欧洲5G网络建设将以中频段3.4～3.8GHz为主，相对而言部署进程较慢，优先以高密度覆盖区域为布局点。频谱资源匮乏，基站设备少，监管严格，是欧洲4G和5G共存的问题，5G商用节奏缓慢。

2019年4月，瑞士电信运营商Sunrise宣布其5G网络商用，英国运营商EE紧随其后，在5月开通5G服务，沃达丰在英国、西班牙、意大利、德国等开启5G服务。2020年1月，爱立信、意大利电信（TIM）与高通成功完成欧洲首个在5G现有商用网络上突破2Gbps速度极限的连接。截至2020年2月，华为已获得全球91个5G商用合同，其中47个来自欧洲地区。目前，整个欧洲的5G基站数量不到4万个，其中德国已出台相应的5G网络建设规划。德国最大的电信运营商德国电信表示，德国预计2021年底将建设超过4万个5G基站。

五、世界其他地区

虽然中国、韩国、美国和日本在该领域处于领先地位，但世界

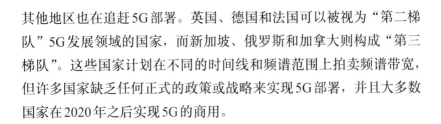

其他地区也在追赶5G部署。英国、德国和法国可以被视为"第二梯队"5G发展领域的国家，而新加坡、俄罗斯和加拿大则构成"第三梯队"。这些国家计划在不同的时间线和频谱范围上拍卖频谱带宽，但许多国家缺乏任何正式的政策或战略来实现5G部署，并且大多数国家在2020年之后实现5G的商用。

第二部分

产业升级篇

5G 是当前全球新一轮科技革命的重点领域，结合大数据、云计算、边缘计算、人工智能、物联网等新兴技术引领新的生活方式。5G 等新兴技术底座将不断引领新一代终端设备设施创新，激发车联网、智慧教育、远程医疗、超高清视频、虚拟现实/增强现实等产业应用的快速发展。目前，5G 已成为全球各国拉动投资、促进产业升级、发展新经济的新通道和大平台。

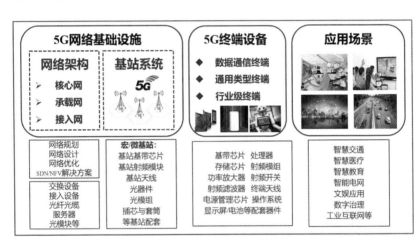

5G 产业链示意图

（资料来源：赛迪智库整理，2020 年 7 月）

5G 产业链环节主要包括 5G 网络基础设施、5G 终端设备及应用场景三大领域。其中，5G 网络基础设施由基站系统和支撑 5G 网络架构的核心网、承载网及接入网基础设施构成；5G 终端是连接 5G 网络基础底座和相关应用的桥梁，将发挥关键平台和控制中心的作用；5G eMBB、uRLLC、mMTC 三大应用场景将全面覆盖 To B 端和 To C 端，催生出新型产业形态与商业模式。

5G网络基础设施产业

第一节

产业链概况

　　5G通信网络作为支撑行业应用数据连接的基础底座，是一个复杂的整体。根据业务应用和传输方式的不同，5G通信网络通常可以划分为接入网、承载网及核心网三大部分，如图3-1所示。其中，接入网中最关键的部分为5G基站，基站到用户侧为5G通信无线侧，支持用户实现移动无线通信；基站到电信机房、骨干机房等为固定侧网络架构，以光纤通信系统实现承载互联。

　　无线接入网（Radio Access Network，RAN）环节中，基站是RAN的重要组成部分，主要完成有线信号与无线信号之间的转换，以便让手机等设备终端可以通过无线电磁波与外界实现信息互换。为更好地支持5G三大应用场景，5G宏基站部署模式不同于4G基站

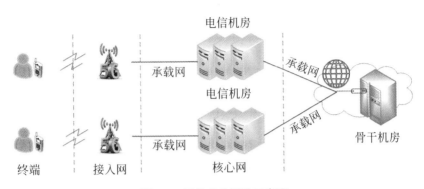

图 3-1 网络架构划分示意图

（资料来源：赛迪智库整理，2020年7月）

基带单元（Base Band Unit，BBU）+射频拉远单元（Remote Radio Unit，RRU）+天线的形态，演变成集中单元（Centralized Unit，CU）+分布单元（Distribute Unit，DU）+有源天线单元（Active Antenna Unit，AAU）的形态，将BBU中实时处理、非实时处理等模块进行分割重组，如图3-2所示。

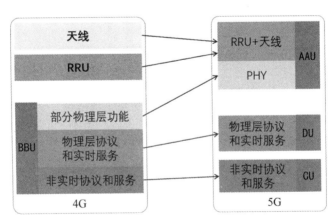

图 3-2 4G 和 5G 基站形态演变比较示意图

（资料来源：赛迪智库整理，2020年8月）

核心网与接入网之间数据通信的链路即为承载网，主要通过包含了光纤光缆、光通信主设备、光器件和光模块等的光纤通信传输系统实现。为适配5G移动通信系统的高速大容量传输特性，承载网网络架构接入层、汇聚层、核心层器件、设备、系统将进一步扩容升级，接入层接口速率将从10Gbps提升至25Gbps，汇聚层接口速率从25/50Gbps提升至50/100Gbps，核心层接口速率从100/200Gbps提升至200/400Gbps。

核心网通过企业/骨干级路由器、大型通用交换机等设备进行数据处理与分发，可以实现控制与承载的分离、控制信道与数据信道的分离。为了满足低时延、支持海量连接，支持高速移动条件下的手机等智能设备有效连接等5G不同场景需求，5G核心网（New Core）将4G核心网EPC中移动网络边界计算平台（MEC）分离出去，使得MEC与接入网基站CU一起下沉至用户侧，即核心网的部分功能下沉、靠近基站端，可以实现边缘用户侧计算能力的提高，保证低时延等不同5G场景的需要。

第二节
我国5G网络基础设施产业发展情况

截至2020年6月，我国5G商用牌照发放一周年，在国家顶层设计文件指导以及央地联动的政策红利带动下，截至2020年底全国5G基站规模部署已超过71万，2020年底建设55万座基站目标提前完成，实现全国地级以上城市5G网络覆盖。

2019年，我国5G网络基础设施建设以NSA为主，主要展开5G基站系统建设，针对5G网络系统架构中的核心网、承载网及接入网中的光纤通信系统建设已开启招标等工作。2020年3月，中国移动公布其承载网切片分组网SPN设备新建部分招标结果，表3-1中华为、中兴通讯以及烽火通信中标，合计投标总价超250亿元；5G SA核心网设备方面，统一数据管理（Unified Data Management，UDM）和统一数据仓库（Unified Data Repository，UDR）设备等中标设备商同样为华为、中兴通讯以及爱立信，5G核心网招标尚未结束。中国联通承载网招标结果显示，承载接入层中标设备商包括华为、中兴通讯、新华三以及烽火通信，核心汇聚层中标设备商分别为华为、中兴通讯以及新华三，核心网中标企业分别为华为、中兴通讯以及上海诺基亚贝尔。中国电信5G承载网设备中标候选企业包括华为、中兴通讯、新华三、烽火通信、奥普泰通信以及上海欣诺通信；5G核心网设备中标候选人包括华为、中兴通讯和爱立信。具体见表3-2。

表3-1 2020年中国移动5G集采中标情况

分类		中标1	份额	中标2	份额	中标3	份额	中标4	份额
5G基站主设备（接入网）		华为	57.20%	中兴通讯	28.71%	爱立信	11.46%	中国信科	2.63%
5G SPN设备（承载网）		华为	70%	中兴通讯	20%	烽火通信	10%	—	
5G SA设备核心网	标段一	华为	66.36%	中兴通讯	20.10%	爱立信	13.54%	—	
	IWF五区	华为	100%	注：五区包括华北、华东南、华南、华中、西南					
	IWF三区	中兴通讯	100%	注：三区包括东北、华东北、西北					

数据来源：赛迪智库整理，2020年4月。

表3-2　2020年中国联通及中国电信5G集采中标情况

分类		中标1	份额	中标2	份额	中标3	份额	中标4	份额
5G基站主设备（接入网）		华为		中兴通讯		爱立信		中国信科	
5G承载设备	接入层设备	华为	约54%	中兴通讯	约25%	新华三	约11%	烽火通信	约10%
	核心汇聚1	华为		中兴通讯		新华三		—	
	核心汇聚2	华为		中兴通讯		新华三		—	
	核心汇聚3	华为		中兴通讯		新华三		烽火通信	
5G核心网	2C核心网	华为		中兴通讯		上海诺基亚贝尔		爱立信	
	2B核心网	华为		中兴通讯		上海诺基亚贝尔		—	

数据来源：赛迪智库整理，2020年4月。

光通信主设备市场主要由光传送网（OTN）/波分复用（WDM）系统需求驱动增长，华为、中兴通讯、烽火通信和上海诺基亚贝尔四家企业基本承包了三大电信运营商的采购份额。中国电信2019年，100Gbps密集波分复用（DWDM）/OTN集中采购中标企业为中兴通讯、华为、烽火通信以及上海诺基亚贝尔。中国联通2019—2020年中标厂商为华为、中兴通讯和烽火通信。中国移动2020年政企专网扩容部分OTN/WDM设备集中采购由华为独家中标。

自2013年"宽带中国"和电信普遍服务大规模部署以来，我国光通信产业发展迅速，多年呈现高速增长状态，但随着FTTx和4G建设基本完成，5G部署尚处于开端，2019年我国光通信市场规模呈下降趋势，如图3-3所示。但是在5G网络全国范围内建设带动下，光通信系统涉及的光纤光缆、光芯片、光器件/模组等关键环节的市场需求量将大幅回升，预计2023年我国光通信市场规模将超1300亿元。

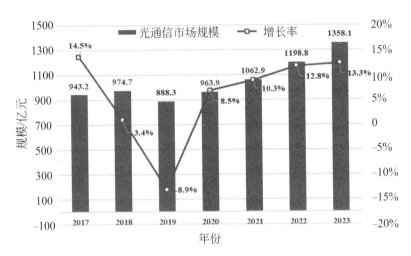

图 3-3　2017—2023 年我国光通信市场规模发展及预计

（数据来源：赛迪智库整理，2020年9月）

光纤光缆是保证5G高速传输的光纤介质，是我国光通信产业的传统优势领域。2017年我国光纤预制棒产能开始达到预期以来，长飞、亨通光电、杭州富通、中天科技、烽火通信等光纤光缆国内企业迅速发展。据相关数据统计，2019年上述五家企业所占全球光纤光缆市场份额约46%，其中长飞、亨通光电两家企业市场份额均超过10%。市场集中度高，如图3-4所示。2019年2月，中国移动启动2019年1.05亿芯公里普通光缆集采，其招标价为57～66亿元（不含税），相对于2018年价格腰斩。行业经历了一年半的量价调整，随着5G开启大规模建设，光纤光缆供需关系开始改善，有望见底回升。2019年12月，中国联通启动第二次G654.E干线光缆招标，长飞、亨通光电、烽火通信和华脉科技四家企业中标入围。

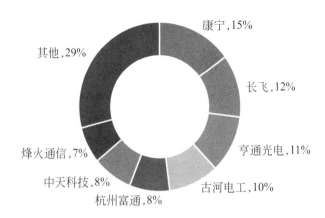

图 3-4　2018 年全球光纤光缆市场份额情况

（数据来源：赛迪智库整理，2020 年 9 月）

我国光纤预制棒技术和产业化能力得到大幅提升。光纤预制棒是光纤光缆产业链上游最核心的硬件，其成本占据光纤光缆设备整体成本的65%~70%。光纤预制棒的制作工艺技术含量较高，生产工序相对复杂，对于生产和环境要求严格且资金需求量大，光纤预制棒成品质量对光纤质量及纯度、抗拉强度等特性有重大影响。目前国内厂商已掌握了等离子体化学气相沉积（Plasmachemical Vapor Deposition，PCVD）、气相轴向沉积（Vapour Axial Deposition，VAD）、外部气相沉积（Outside Vapor Deposition，OVD）等几种主流制造工艺。2015年8月起，我国对原产于美日光纤预制棒进行"反倾销"调查，相关"反倾销"措施为中国光纤预制棒技术的研发生产提供广阔空间，鼓励我国本土光纤预制棒行业企业加大自主创新，加速产能释放，为实现光纤预制棒进口替代提供政策支持。目前，光纤预制棒产能快速提升，长飞、亨通光电、中天科技、杭州富通和烽火通信五家企业占据超过90%的国内市场份额。2019年，国内主要厂商光纤预制棒产量约万吨，如图3-5所示。其中，长飞与荷兰德拉克公司长期合作，采用PCVD技术实现预制棒批量生产，旗下长飞潜江OVD预制棒项目为目前全球最大规模的单体预制棒生产项目。烽火通信与日本藤仓公司合作，采用VAD+OVD及VAD+PCVD+OVD制棒工艺，2019年产能达到千吨。亨通光电与美国OFS合作，在机硅环保型大尺寸光纤预制棒关键技术上达到领先水平。

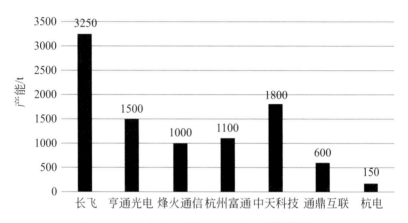

图 3-5　2019 年我国主要厂商光纤预制棒供给情况

（数据来源：赛迪智库整理，2020 年 9 月）

如图3-6所示，2014年我国光纤预制棒国内供给率仅为64%，近40%依赖进口，2018年国内光纤预制棒自给率超过90%。目前，光纤预制棒行业研发集中在几个龙头厂商，基本实现自给自足，但光纤预制棒的制备材料、高性能光纤涂覆材料、外套管材料等关键环节仍基本被国外大厂垄断。

光模块/光器件市场需求迎来高速增长。光模块由光电子器件、功能电路和光接口等组成。如图3-7所示，2019年中国厂商的光模块占全球市场份额接近30%，光迅科技、中际旭创和华工科技进入全球十大厂商。在光模块高端领域，25Gbps以上的配套率为10%，目前仅旭创科技能够生产一定批量的400Gbps数通光模块。到2025年，

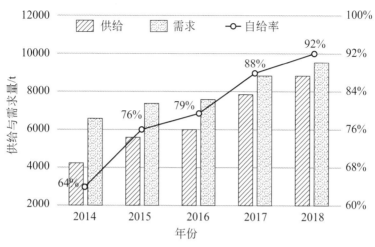

图 3-6　2014—2018 年我国光纤预制棒供给情况

（数据来源：赛迪智库整理，2020 年 9 月）

全球光模块市场规模将达到 177 亿美元（约 1239 亿人民币），400Gbps 高速数通光模块需求增大，但国内厂商的量产能力尚且不能满足市场需求，进口依赖程度高。2021—2025 年我国光模块 / 光器件、光芯片需求量预测见图 3-8。

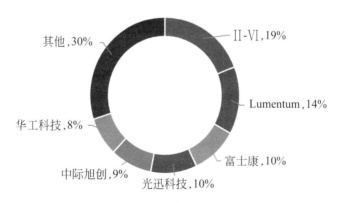

图 3-7　2019 年全球光模块市场份额

（数据来源：赛迪智库整理，2020 年 9 月）

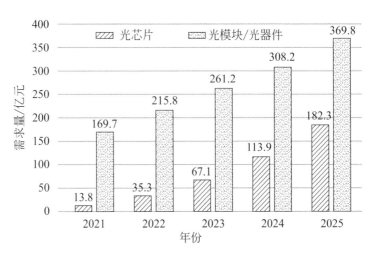

图 3-8 2021—2025 年我国光模块 / 光器件、光芯片需求量预测

（数据来源：赛迪智库整理，2020 年 9 月）

光芯片研发由中低端向高端演进。国内厂商在系统、模块、组件的中低端市场份额超过 50%，高端市场占比约 25%，激光器和探测器管芯等光有源器件仍需依赖进口，核心器件技术尚未突破。国内企业主要在无源器件、低速光芯片（10Gbps 及以下）等中低端细分市场有竞争优势，但高速光芯片主要掌握在美、日厂商。国内厂商可小批量供货分布式反馈激光器，但技术参数仍有差距。

通用服务器方面，2020 年第一季度新华三与 HPE 合作，合计全球整体市场份额约为 15.5%，浪潮与 IBM 合作，市场份额约为 7.1%，分列全球第二和第三。非 X86 服务器需求增长迅猛。国内市场浪潮、新华三、华为三家企业市场份额占比超过 60%，如图 3-9 所示。中国移动 2020PC 服务器集采，华为、中兴通讯、新华三为中标厂家；中国联通 2020—2021 年通用服务器集采中标企业有 11 家，华为、紫光华山和浪潮排行前三。随着 5G 商用推广，CPU 服务器采购增加，据估计，华为和海光将占比 20%。

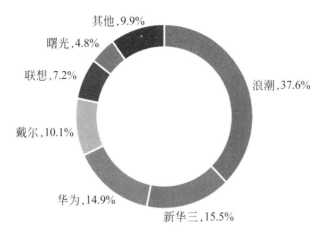

其他, 9.9%

曙光, 4.8%

联想, 7.2%

戴尔, 10.1%

华为, 14.9%

浪潮, 37.6%

新华三, 15.5%

图 3-9　国内 X86 服务器各厂商市场份额

（数据来源：赛迪智库整理，2020 年 8 月）

　　骨干路由器方面，2018年、2019年华为占据全球市场份额第一，超越思科。中国移动2019—2020年高端路由器采购，中标企业分别是华为、中兴通讯和新华三；中国电信数据交换机（DCSW）供应商为华为、中兴通讯、思科、锐捷和新华三；汇聚交换机为华为、新华三、烽火通信和中兴通讯。2019年，中国电信网络扩容工程中标企业为华为和思科。除部分设备需进口思科的产品外，国内厂商已经完全占据国内市场，容量大、成本低，产能领先全球。

　　5G基站是5G接入网的核心设备，提供无线覆盖，实现有线通信网络与无线终端之间的无线信号传输，其中包括基站主设备、射频器件、天线、光模块、光纤光缆等。5G基站建设方面，三大运营商积极推进5G商用部署。截至2019年底，我国已开通5G基站13万座。相比2019年全年我国预期建设10万座5G基站，实际建设进展超过预期30%。根据相关数据统计，超过九成基站集中在一线城市，北京、上海、广州、深圳均于2019年建成超过1万座5G基站。三大运营商在2019年全年投入340亿元建设5G移动基站。中国移动在全国范围内建设超过5万个5G基站，已在超过50个城市实现5G商用服务，2020年已实现所有地级城市提供5G商用服务。中国联通首先在北京、上海、广州、深圳、南京、杭州、雄安等七个试点城市及地区建设连续覆盖城区的商用试验网，在33个大城市提供热点区域5G网络覆盖，并重点覆盖多个垂直行业，同时中国联通发布《5G基站设备技术白皮书》，明确了5G网络长期演进目标和5G基站设备路标规划。中国电信2019年投入93亿元用于5G建设，其采用租赁方式采购北京、上海、重庆、广州、雄安、深圳、杭州、苏州、武汉、成都、福州、兰州、琼海、南京、海口、鹰潭、宁波等17个城市及地区的3.5GHz频段5G无线网主设备及相关配套设备，建成5G基站4万座，并与中国联通共享5G基站2万座，已覆盖超50个商用城市重点区域，如表3-3所示。

表3-3　中国移动和中国联通已公布首批5G城市名单

直辖市（4个）	北京、天津、上海、重庆
省会城市（27个）	合肥、福州、兰州、广州、南宁、贵阳、海口、石家庄、郑州、哈尔滨、武汉、长沙、长春、南京、南昌、沈阳、呼和浩特、银川、西宁、济南、太原、西安、成都、拉萨、乌鲁木齐、昆明、杭州
计划单列市（5个）	大连、青岛、宁波、厦门、深圳
其他城市及地区（4个）	雄安新区、张家口、苏州、温州

资料来源：赛迪智库整理，2020年5月。

在基站细分产业环节中，国内电信基站主设备厂商主要包括华为、中兴通讯、烽火通信等，数通主设备领域如交换、传输和终端设备等主要设备商有华为、中兴通讯、紫光股份、星网锐捷、浪潮等。

目前我国5G基站建设全面展开，地方大规模5G基站系统和网络架构建设陆续完成，但由于5G基站技术变化较大且建设存在阶段性，各细分领域受益时序有所差异。其中，基站功率放大器、滤波器等在全行业市场空间较大，且存在较大的技术与质量提升空间。用于基站将低功率射频信号转换为高功率射频信号的功率放大器主要包括硅基横向扩散金属氧化物半导体（Laterally-diffused Metal-oxide Semiconductor，LDMOS）功放和氮化镓（GaN）高电子迁移率晶体管（High Electron Mobility Transistor，HEMT）功放两种。其中，硅基LDMOS功放设备厂家主要为NXP、Cree（原Infineon）等，GaN HEMT功放生产的国际巨头包括住友电工、Qorvo、Cree、RFHIC、Macom、NXP等，目前国内品牌市占率小于1%。基站滤波器方面，国内厂商较多。光模块组件与IDM方面，国内光模块多集中于组装测试环节，高端光模块产品设计制造把控于美日企业。

第三节
产业发展难点

一、5G网络建设部署周期长、投资成本高昂

在网络建设方面，截至2020年6月，我国共开通5G基站约40万座，目前5G网络建设仍以NSA模式为主。5G移动通信所使用的无线频率较高，相较于4G基站，单基站信号覆盖面积大大缩减。据

电磁波传输损耗 LBF（dB）＝ $20\log F+20\log dis+32.4$ [1]估算，5G 与 4G 基站在实现同等覆盖的前提条件下，需建设 5G 中频段的基站数量将是 4G 的 1.2 ～ 1.5 倍。据相关数据统计，我国 4G 建设周期为 2013—2019 年，累积建设数量达到 544 万座，参照 4G 网络建设进程，5G 网络部署从 NSA 模式转向 SA 模式全覆盖仍需要 6 ～ 7 年，投资建设成本巨大。除了接入网基站部署耗时长与投资巨大的问题，5G 选址与配套建设也面临站址资源需求大、站点选址难、物业准入难、租金高等问题，5G 网络部署还包括核心网和承载网的升级部署，同样面临建设投资成本高昂及回报周期较长的问题。

二、5G 网络运维成熟尚需时日

　　未来 5G 网络基础设施建设将主要以 SA 模式展开，启动服务化架构（SBA）、虚拟化及网络切片等新功能，为面向工业互联网和车联网应用奠定基础，但目前 SDN、NFV、网络切片、软件定义广域网（SD-WAN）等大规模组网技术尚未得到实际场景使用验证，将继续面临 SA 模式组网探路的风险。此外，5G 标准在核心网路由协议上尚无突破，IETF 现着力开发 IPv6 在路由协议方面的应用标准。SA 网络模式下，基于全网复杂路由的 SDN 和多类型超海量连接的 VPN 缺乏运用经验，网络切片与现有网络之间的兼容问题也将面临挑战。截至 2020 年 7 月，我国 5G 正式商用亮点仍以高速宽带移动接入场景为主，5G 网络与运维尚未经受大流量、大连接、高可靠、低时延等场景特性的充分考验，5G 网络运维模式仍需要创新。

---

[1] 黄玉兰. 物联网射频识别（RFID）核心技术详解[M]. 北京：人民邮电出版社，2012.

三、基站能源消耗巨大

5G 基站方面，据运营商数据显示 5G 单站功耗是 4G 单站功耗的 2.5 ～ 3.5 倍，AAU 功耗增加是 5G 功耗增加的主要原因。目前单站满载功率近 3700W，需对现网电源、配套设备进行提前扩容。通信网络的能耗成本（电费）占运营商网络维护成本（OPEX）的比例，大约是 20% 左右。功耗翻倍等价于基站电费翻倍，因此将大大增加运营商的运营压力。电源设备扩容将带来 5G 网络建设投资（CAPEX）的增加，且 5G 基站的覆盖面积远小于 4G 基站，如果要实现相同面积的覆盖，5G 基站的数量至少是 4G 的 3 倍，相当于 5G 耗电量将是 4G 的 12 倍。

四、5G 网络重构安全新需求

传统的互联网要解决的是信息速度、无障碍传输等问题，而 5G 网络支持下的智能互联网在实现信息传输的基础上，还要建立起支持社会和生活的新机制与新体系，满足安全、管理、高效、方便智能互联网的基本精神。首先，5G 网络引入网络功能虚拟化新技术，该技术模糊了网络的物理边界，实现虚拟安全域动态变化，也因此传统依赖物理边界防护的安全保障机制难以发挥作用。其次，控制系统易成为网络安全攻击的对象，而 5G 底层网络资源共享将进一步挑战安全隔离。5G 采用通用互联网协议代替传统移动网专用协议，实现业务能力扩展，恶意第三方则更容易获得对网络的操控能力。再次，切片间需要有效的安全隔离机制，以免某个低防护能力的网络切片被攻击以后成为跳板波及其他切片。大连接永远在线易成为 DDoS 攻击的跳板，且易引发信令风暴，影响时延。最后，5G 采用的开源软件对第三方开源基础库的过度依赖会加大引入安全漏洞的风险。

CHAPTER FOUR

第四章

5G 终端产业

第一节

产业链概况

5G终端产业链主要包括芯片与关键元器件、操作系统、关键配套器件、整机设计与制造以及设备应用与服务等环节，见图4-1。

图 4-1 5G 终端产业链关键环节

（资料来源：赛迪智库整理，2019 年 12 月）

芯片与关键元器件环节是5G终端产业链的硬件核心部分，其中芯片按照功能主要可划分为基带芯片、射频芯片、处理器、存储芯片以及电源管理芯片等几大类。关键元器件指5G芯片设计生产所使用的功率放大器、滤波器等。相较于传统1G/2G/3G/4G技术，5G技术工作于更高的通信频段，其对5G终端设备的芯片制造工艺、功耗等具有更高的性能指标要求。

操作系统作为连接终端设备硬件系统和应用服务软件的中间桥梁，是管理、控制终端设备软硬件资源的核心系统软件。5G技术的高速、海量连接等特性激发多形态5G终端的爆发，并对终端设备操作系统的安全隐私性、针对特定5G应用场景需求等提出了更高要求。

关键配套器件主要包括显示屏和终端锂离子电池等。显示屏承担了终端设备的信息呈现作用，是信息技术创新链条上的重要一环。目前移动终端采用的屏幕主要有LCD和AMOLED两种。其中AMOLED已在部分高端5G旗舰手机和高端显示器上得到应用。锂离子电池为终端设备提供电源，5G终端高功耗的特性加大了对锂离子电池容量的要求，是终端设备续航能力的新挑战。

整机设计与制造需要对终端设计、产业链把控、生产工艺、关键技术研发、基础科学研发进行有效整合。5G终端多模多频、高功耗等特性对整机设计与制造提出更高要求，要求企业在基础元器件设计到软件操作系统研发、交互方式变革、产业链优化整合等方面顺应5G新技术潮流。

在消费者层面，5G时代出现的终端新形态为新应用开发提供了平台。在企业端层面，5G与教育、医疗、工业等的结合使得其出现了更丰富的应用场景。消费端与企业端同时发力，助力应用创新发展。

第二节
我国5G终端产业发展情况

2019年下半年5G商用启动以来，5G终端整机形态类型迅速增加。截至2020年1月底，GSA统计全球5G终端设备形态已达15类，具有208款已商用/预商用的终端产品，包括室内/外CPE、5G手机、头显、热点、笔记本电脑、模块、无人机、机器人等，如图4-2所示。

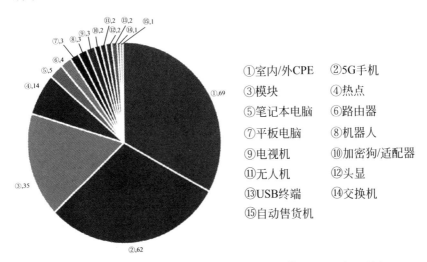

①室内/外CPE　②5G手机
③模块　④热点
⑤笔记本电脑　⑥路由器
⑦平板电脑　⑧机器人
⑨电视机　⑩加密狗/适配器
⑪无人机　⑫头显
⑬USB终端　⑭交换机
⑮自动售货机

图 4-2　全球发布 5G 终端设备形态类型统计（截至 2020 年 1 月）

（数据来源：赛迪智库整理，2020年5月）

芯片与关键元器件方面。在5G基带芯片技术方面，以4G手机外挂5G基带芯片的趋势向高集成度的5G SoC芯片发展。在射频芯片方面，5G SoC和5G射频芯片的整合将是未来5G核心芯片发展的大趋势，由单一性导向向低功耗、多元化以及集成化发展，系统级芯片将成为终端芯片发展的主流。在处理器方面，处理器芯片架构设计向"一核多辅"方向演进，多核架构协同提升处理器多线程工作效率、提升运算资源配置效率，灵活适配重载、中载、轻载多个场景，降低运行功耗。

操作系统方面。2019年下半年，国际操作系统巨头谷歌和苹果分别推出安卓10和iOS 13，系统加强了个人隐私和安全保障功能，并针对多应用场景提出性能优化方案等；安卓与iOS系统均属于宏内核系统，通过不断地迭代升级系统平台，搭建有利于开发者和平台方的生态，实现用户数量的不断增长。国内方面，鸿蒙操作系统以及Syber操作系统等微内核系统相继推出，5G技术应用场景多样化爆发是操作系统打破国外长期壁垒的重要契机。

关键配套器件方面。手机摄像头多摄配置渐成趋势，2011年HTC G17最早搭载5M+5M（其中M为百万像素）双摄，2018年华为P20 Pro开启后置40M+20M+8M三摄时代，2019年三摄已成为市场主流，四摄、五摄手机相继登场。2019年Q3智能手机后摄出货占比中，双摄占比30%，三摄占比26%，四摄占比22%，四摄占比大幅提升。大容量、高充电速率逐渐成为锂离子电池的主流性能，充电效率方面，5G手机有线充电速率典型值都在40W以上，无线充电速率稳定提升，目前华为Mate 30系列手机无线快充速率已达到了27W。

整机设计与制造方面。手机设计制造模式由传统全自主设计、ODM、IDH三种模式逐步向全自主设计、ODM两种模式转变。随着终端品牌厂商的快速崛起以及手机供应链利润和市场空间的逐渐收窄，IDH厂商逐渐转向ODM模式。目前我国ODM厂商主要包括龙旗、闻泰、华勤等。在手机设计制造模式选择上，手机品牌商一般选择集中企业优势资源自主研发中高端旗舰机型，而将主打成本、稳定性等性能的终端机型与ODM合作开发。

一、芯片与关键元器件

1. 创新进展

在5G基带芯片技术方面，以4G手机外挂5G基带芯片的趋势向高集成度的5G SoC芯片发展。巴龙5000芯片是华为2019年1月发布的多模5G基带芯片，采用台积电7nm制程工艺，并率先实现对SA和NSA双组网架构的同步支持，涵盖了5G商用Sub-6GHz及毫米波频段。该芯片采用外挂方式用于华为Mate X 5G折叠屏手机以及华为5G CPE Pro终端设备。2019年2月，紫光展锐发布春藤510 5G基带芯片，该芯片采用台积电12nm制程工艺，支持Sub-6GHz频段，同时支持5G SA和NSA两种组网方式，该芯片主要用于5G CPE及通信模组终端设备。2019年9月初，华为发布麒麟990 5G芯片，该芯片将5G基带芯片集成到SoC上，板级面积相比业界其他方案降低36%。目前，麒麟990 5G芯片已商用于华为Mate 30系列手机，是全球首款商用的5G SoC芯片。2020年8月，中科晶上发布工业级5G终端基带芯片"动芯DX-T501"，该芯片具有工业级5G专用DSP核，拥有大带宽、低时延、高可靠等特点，支持软件定义，可根据工业应用进行个性化定制，面向工业制造、工农生产、交通物流、生活服务、远洋矿山等领域提供工业级5G解决方案。

在射频芯片方面，5G SoC和5G射频芯片的整合将是未来5G核心芯片发展的大趋势，由单一性导向向低功耗、多元化以及集成化发展，系统级芯片将成为终端芯片发展的主流。骁龙X55 5G调制解调器及射频系统是高通于2019年9月发布的商用芯片套片，其集成商用5G调制解调器、射频收发器、射频前端、毫米波天线模组以及软件框架，完成子组件层面协同设计、软硬件优化，包括移动5G毫米波、5G增程毫米波CPE、可支持低功耗下的最优上行链路吞吐量同时满足传输上限的智能传输技术、实现出色传输能效与网络性能的高通宽带包络追踪、优化覆盖范围与电池续航能力、可调谐的多天线管理系统等，极大地减少了5G终端设备整机系统设计中的烦琐步骤。2020年3月，南京宇都通信推出首个5G微基站射频芯片YD9601，其解决了商用楼宇和家庭室内的信号补盲问题；在推出

5G微基站射频芯片之前，宇都通信研发出有线射频宽带HiNOC2.0芯片，可实现600Mbps的下行速率。在中国广播科学研究院进行的标准测试中，搭载这组芯片的设备相比对标的国际同类产品，抗衰减能力提升了10dB左右，这使其更能适应国内复杂、恶劣的网络环境。

处理器芯片架构设计向"一核多辅"方向演进，多核架构协同提升处理器多线程工作效率、提升运算资源配置效率，灵活适配重载、中载、轻载多个场景，降低运行功耗。华为麒麟990芯片架构采用"2个大核+2个中核+4个小核"的架构模式，单核处理器频率达到2.86GHz；高通骁龙865plus芯片采用"1个大核+3个中核+4个小核"的架构模式，单核处理器频率达到3.1GHz。此外，随着AI技术与5G的深度融合，嵌入式神经网络处理器（NPU）开始集成到处理器芯片中，通过AI算法进行软硬件运行加速、提升处理器整体效率，支持5G终端智能化发展。在芯片工艺方面，目前5G终端芯片多聚集于5nm、7nm等工艺制程。在全球晶圆代工市场上，三星和台积电已成功实现5nm先进制程工艺量产，两大巨头垄断了全球5nm芯片订单，其中台积电占据了近60%的市场份额，目前正在加大2nm、3nm更先进制程工艺芯片的研发投入。

2.竞争格局

（1）基带芯片方面　全球基带芯片市场主要出高通、海思、联发科占据，据相关数据统计，在2020年第一季度全球基带芯片市场数据中，高通、海思、联发科的市场份额合计占76%，如图4-3所示。随着5G终端商用的推广，高通、海思、三星、联发科、英特尔（2019年4月，英特尔退出5G基带芯片市场）、紫光展锐在5G基带芯片展开积极布局，相继推出各家基带芯片，旨在新一轮的5G终端市场占领一席之地。其中高通的X50、X55基带芯片和海思的巴龙

5000芯片已经在华为、三星、OPPO、小米、中兴、vivo手机品牌中实现商用。由表4-1数据分析可知，5G基带芯片向多模多频、采用先进制程工艺的高集成模式发展，同时支持NSA和SA两种组网模式成为基带芯片的标配。

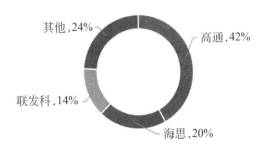

图4-3 2020年第一季度基带芯片市场份额

（数据来源：赛迪智库整理，2020年9月）

表4-1 已发布5G基带芯片情况

时间	基带名称	厂商	模式	5G频段	制程工艺	组网方式
2016.10	X50	高通	5G	Sub-6G 毫米波	28nm	NSA
2018.2	巴龙5000	华为	2/3/4/5G	Sub-6G 毫米波	7nm	NSA/SA
2018.6	Helio M70	联发科	2/3/4/5G	Sub-6G	7nm	NSA/SA
2018.8	Exynos 5100	三星	2/3/4/5G	Sub-6G 毫米波	10nm	NSA
2018.11	XMM 8160	英特尔	2/3/4/5G	Sub-6G 毫米波	10nm	NSA/SA
2019.1	X55 Modem 射频系统	高通	2/3/4/5G	Sub-6G 毫米波	7nm	NSA/SA

续表

时间	基带名称	厂商	模式	5G频段	制程工艺	组网方式
2019.2	春藤510	紫光展锐	2/3/4/5G	Sub-6G	12nm	NSA/SA
2020.2	骁龙X60	高通	2/3/4/5G	Sub-6G 毫米波	5nm	NSA/SA
SoC芯片						
2019.9	Exynos980	三星	2/3/4/5G	Sub-6G	8nm	NSA/SA
2019.9	麒麟990	华为	2/3/4/5G	Sub-6G	7nm+EUV	NSA/SA
2019.11	天玑1000 MT6855	联发科	2/3/4/5G	Sub-6G	7nm	NSA/SA
2020.7	骁龙865plus	高通	2/3/4/5G	Sub-6G 毫米波	7nm	NSA/SA
2020.7	天玑720	联发科	4/5G	Sub-6G	7nm	NSA/SA
2020.8	天玑800U	联发科	5G	Sub-6G	7nm	NSA/SA
2020.12	骁龙888	高通	2/3/4/5G	Sub-6G 毫米波	5nm	NSA/SA

数据来源：赛迪智库整理，2020年8月。

（2）射频芯片方面　随着5G终端市场的大规模爆发，5G射频芯片市场也将迎来快速增长。据相关数据预测，全球射频芯片市场年复合成长率将高达14%，预计2023年将超过350亿美元，如图4-4所示。其中，5G射频芯片关键器件滤波器和功率放大器市场占比超过80%，市场潜力巨大。目前，射频芯片市场主要有美国Broadcom、Skyworks、Qorvo以及日本Murata企业占据，市场份额合计约97%，形成市场垄断局面，如图4-5所示；相比之下，我国在射频芯片领域布局较晚，尚处于起步阶段。

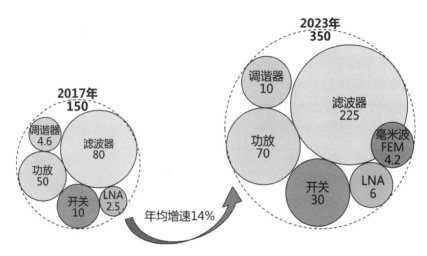

图 4-4　2023 年全球射频器件市场规模预测（单位：亿美元）

（数据来源：赛迪智库整理，2019 年 10 月）

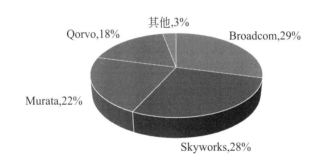

图 4-5　射频芯片市场份额情况

（数据来源：赛迪智库整理，2019 年 10 月）

　　在射频芯片关键细分环节中，由 SAW 滤波器和 BAW 滤波器组成的滤波器市场是射频关键元器件第一大市场。SAW 滤波器市场主要由日本 Murata、TDK 以及 Taiyo Yuden 三巨头占据，市场份额合计约 85%，如图 4-6（a）所示。在 BAW 滤波器市场，美国 Broadcom 公司占据统治地位，占据市场份额约 87%，见图 4-6（b）。相比于 SAW

滤波器，BAW 滤波器的插损较小、带外衰减迅速、对温度变化不敏感等优势，更适用于通信频率大于 2GHz 的 5G 通信系统。随着 5G 高频通信的逐步普及，BAW 滤波器市场有望进一步增加。在功率放大器、低噪放大器以及射频开关方面，美国公司 Skywork、Qorvo 以及 Broadcom 公司长期布局，通过公司合并等方式形成垄断局面，见图 4-7。5G 更高发射功率对射频电路中功率放大器线性度性能要求大幅

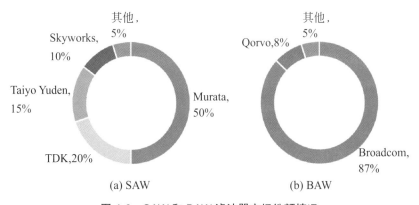

(a) SAW　　　　　(b) BAW

图 4-6　SAW 和 BAW 滤波器市场份额情况

（数据来源：赛迪智库整理，2019 年 10 月）

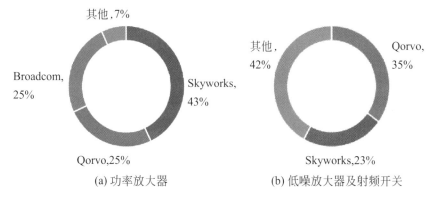

(a) 功率放大器　　　　(b) 低噪放大器及射频开关

图 4-7　功率放大器和低噪放大器及射频开关市场份额情况

（数据来源：赛迪智库整理，2019 年 10 月）

提升，基于GaN等新型半导体材料的功率放大器技术将迎来快速发展。在国外射频器件长期专利壁垒环境下，目前我国射频芯片企业主要集中于中低端射频器件领域。在我国大力发展集成电路领域关键芯片多项政策推力下，海思、紫光展锐、卓胜微、中兴微电子等企业有望切入中高端射频芯片领域，如表4-2所示。

表4-2 5G终端核心芯片重点企业

核心芯片	主要企业
基带芯片	5G：海思、紫光展锐、高通、联发科、三星
	其他：英特尔、中兴微电子、中科光芯、翱捷通信、联芯、瑞芯微、威睿电通、新岸线、重邮信科、创毅视讯、国民技术等
射频芯片	博通、Skyworks、Qorvo、Murata、TDK、Taiyo Yuden、高通、海思、紫光展锐、卓胜微、中兴微电子、唯捷创芯、中科汉天下等
处理器	英特尔、高通、英伟达、三星、Marvell、意法半导体、恩智浦、君正、瑞芯微、盈方微、中星微、格科微、晨星等
存储芯片	NAND：美光、英特尔、东芝、海力士等
	NOR：美光、三星、飞索等
电源管理芯片	联发科、高通、Wolfson等

资料来源：赛迪智库整理，2019年9月。

二、操作系统

1.创新进展

鸿蒙操作系统是华为2019年8月发布的一款面向全场景的分布式操作系统。该系统采用微内核架构，可以大幅提升系统速率，打破宏内核环境下可获取用户所有权限的系统架构，在安全性上产生变革性突破；通过使用确定时延引擎和高性能进程通信技术，实现响应延迟降低25.7%，进程通信效率提升5倍。该系统的分布式系统架构和总线技术利于开发者聚焦于自身业务逻辑，又为消费者享受跨终端业务协同能力带来无缝体验。鸿蒙系统可以适配智能手机、电视、智能汽车等多种类5G终端设备，目前已商用于华为荣耀智慧屏系列设备中。2020年9月，华为推出鸿蒙2.0，其采用分布式技术实现多设备融合为一体，同时第一次开放第三方生态，促进应用厂商在其平台研发创新。

Syber操作系统是元心科技于2019年6月发布的面向5G的智能物联网操作系统，其主要特征为微内核、虚拟化、新生态，立足于网络安全和信息安全，实现自主可控、安全可信。该系统两大创新为虚拟机多域框架与VMI动态度量，在满足高带宽的交互操作和低时延的嵌入式内核需求的同时，保护内核的完整性，起到保护操作系统安全机制的作用。

TencentOS tiny系统是2019年9月腾讯开源自主研发的轻量级物联网实时操作系统。相比于其他系统，TencentOS tiny系统在资源占用、设备成本、功耗管理以及安全稳定等层面具有竞争力。该系统的开源可大幅降低物联网应用开发成本，提升开发效率，同时支持一键上云，对接云端海量资源。作为5G物联网整个产业链的重要一环，终端侧操作系统由于直接对接底层终端设备，是构建整个物联网生态的关键。

2.竞争格局

新形态5G智能终端初始布局，iOS和安卓操作系统分割市场的格局在5G时代初期将难以打破。苹果的iOS系统和谷歌的安卓系统是当前主流的两种智能终端操作系统，三星、华为、小米、OPPO、 vivo等国内外终端厂商的操作系统均为基于安卓系统进行二次开发而成。据相关数据统计，截至2020年8月，手机终端操作系统中iOS系统和安卓系统的市场占有率合计达到99.4%（图4-8），形成显著的市场垄断局面，且该局面在5G终端应用初期很难打破。

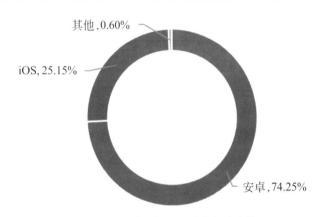

图 4-8　手机终端操作系统市场分布情况

（数据来源：赛迪智库整理，2020年9月）

物联网操作系统将是5G应用终端侧不可或缺的一环。据统计，2018年以来全球物联网市场规模发展迅猛，国内物联网市场容量已经超过万亿规模，随着5G大规模商用布局的推进，5G将推动物联网市场规模进一步增大。5G终端侧物联网操作系统作为物联网产业链的重要一环，将直接对接底层物联网设备，是构建整个物联网生态的关键。目前，华为、谷歌、三星、腾讯、阿里等国际知名企业均在物联网操作系统领域展开积极布局，打造连接多终端的物联网生态。如表4-3所示，Huawei LiteOS、鸿蒙、Fuchsia、Tizen、TencentOS tiny等物联网操作系统受到关注，长期以来的Android和iOS系统的双寡头垄断局面有望打破。

表4-3 物联网操作系统梳理

公司	操作系统名称	系统特点
华为	Huawei LiteOS	具有轻量级、低功耗、快速启动、互联互通、安全稳定等特点,可广泛应用于智能家居、可穿戴设备、车联网、制造业等领域
	鸿蒙系统	具有分布式、微内核结构,低时延特性,可按需扩展,兼容手机、电脑、平板、电视、汽车、智能穿戴
谷歌	Fuchsia系统	基于新内核zircon,有效解决应用碎片化问题,适用于智能手机、平板电脑、笔记本电脑、可穿戴设备等
三星	Tizen系统	具有灵活的开源标准软件平台,实现跨设备、跨架构的硬件设备接入,适用的场景包括相机、智能手表、智能电视、媒体播放机、机顶盒等智能家庭领域
腾讯	TencentOS tiny系统	资源占用小、设备成本低、安全稳定,可获得云资源、AI算法等先进资源,开发软件接口简单,降低物联网应用开发成本,提升开发效率
阿里巴巴	AliOS Things	具有超低功耗、超低内存的特性,支持多终端设备连接到阿里云,适用于智能家居、智慧城市以及车辆网终端等多物联网领域
中国开源社区	RT-Thread	组件完整丰富、高度可伸缩、简易开发、超低功耗、高安全性,已广泛应用于能源、车载、医疗、消费电子等多个行业
光轮电子	Tree OS	基于微控制器、支持多架构模式,引入"无核构件化",实现低内存占用,可有效解决应用碎片化的问题,已用于智能汽车、印刷行业、智能制造等行业领域
元心科技	Syber OS	具有微内核、虚拟化特性,立足于网络安全和信息安全,满足高带宽的交互操作和低时延需求

资料来源:赛迪智库整理,2019年10月。

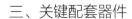

三、关键配套器件

1.创新进展

柔性显示屏成为5G终端设备的一大突出亮点。柔宇科技于2014年发布业内首块全彩AMOLED柔性显示屏，该屏厚度仅约0.01mm，在弯折5万～10万次后仍可实现高质量的显示效果。2018年6月，总投资约110亿元的柔宇科技全球首条类六代全柔性显示屏大规模量产线成功点亮投产。在2019年的CES展上，三星展示了首款折叠屏手机Galaxy Fold，该手机搭载三星自研7.3英寸Super AMOLED屏幕。华为于2019年2月发布折叠屏手机Mate X，该手机搭载京东方8英寸柔性AMOLED屏，与三星折叠屏手机采用的内折方案不同，华为研发了鹰翼铰链外折方案。作为国内面板的代表厂商，京东方积极布局柔性屏生产，总投资1395亿的成都、绵阳、重庆3条6代AMOLED生产线已经量产或在建设过程中，预计三条生产线产能在完全投产后将达到144000片/月。

大容量、高充电速率锂离子电池逐渐成为5G终端产品标配。由于基带芯片的多兼容模式，射频、天线等器件数量的增加以及更高分辨率、刷新率、尺寸更大的显示屏的应用，5G终端相对于4G终端功耗显著增加，这对5G终端的电池容量和充电速率提出了新要求。除继续扩大电池容量之外，采用新材料的固态锂离子电池或锂硅电池，在电池能量密度和安全性等方面都有较大提升，有可能在未来能够取代现有的液态电解质锂离子电池。在充电效率方面，目前5G手机有线充电速率典型值冲至60W以上，OPPO、vivo、小米等宣布突破百瓦快充技术。此外无线充电速率稳定提升，目前华为Mate 30系列手机无线快充速率已达到了27W。充电速率渐渐成为各大手机厂商提升用户体验的重要着手点。

2.竞争格局

国内LCD屏幕市场占比过半。在智能手机屏幕领域，长久以来都是日韩企业领跑市场。特别是全面普及的OLED市场，三星、LGD、JDI、夏普等日韩企业很早就进行了专利和投资布局，在技术和市场上拥有较高的市场占有率和话语权。但近年来随着国内显示面板厂商如京东方、华星光电、天马微电子等企业的崛起，我国在液晶显示面板领域已经实现全面自主，并且在世界市场份额占比过半。以京东方为例，其已成为全球最大的LCD面板供应商，并且打破了三星、LG在柔性OLED屏幕领域的垄断地位；天马微电子则位居全球LTPS LCD出货首位，2019年上半年受益于打孔屏市场的火热，天马打孔屏出货接近0.2亿片，占据LCD打孔屏市场约61.0%的市场份额，是LCD打孔屏的主力供应商；此外，维信诺、和辉光电等屏幕企业同样快速崛起。京东方、华星光电高世代LCD产线情况见表4-4。

表4-4　京东方、华星光电高世代LCD产线情况

公司	产线	世代	月产能/千片	量产年份
京东方	B4	8.5	145	2011
京东方	B5	8.5	105	2014
京东方	B8	8.5	120	2015
京东方	B10	8.5	120	2017
京东方	B9	10.5	120	2018
京东方	B17	10.5	120	2019
华星光电	T1	8.5	160	2011
华星光电	T2	8.5	145	2015
华星光电	T6	11	90	2019
华星光电	T7	11	90	2021

数据来源：赛迪智库整理，2019年10月。

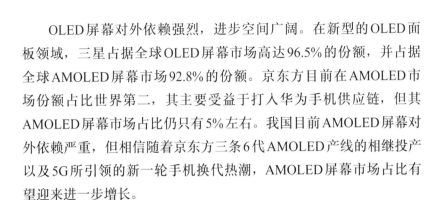

OLED屏幕对外依赖强烈，进步空间广阔。在新型的OLED面板领域，三星占据全球OLED屏幕市场高达96.5%的份额，并占据全球AMOLED屏幕市场92.8%的份额。京东方目前在AMOLED市场份额占比世界第二，其主要受益于打入华为手机供应链，但其AMOLED屏幕市场占比仍只有5%左右。我国目前AMOLED屏幕对外依赖严重，但相信随着京东方三条6代AMOLED产线的相继投产以及5G所引领的新一轮手机换代热潮，AMOLED屏幕市场占比有望迎来进一步增长。

四、整机设计与制造

1.创新进展

在终端整机方面，根据GSA数据统计，5G终端形态目前已有15类，其中手机终端是多形态终端占比最大、品类最多的一类。全球手机终端的设计制造模式可分为三种：第一，品牌厂商自己研发，自己生产或者找代工厂生产；第二，找原始设备制造商（ODM）合作研发和生产；第三，找独立设计公司（IDH）购买主板，自己生产或者找代工厂生产。

手机设计制造模式由传统全自主设计、ODM、IDH三种模式逐步向全自主设计、ODM两种模式转变。随着终端品牌厂商的快速崛起以及手机供应链利润和市场空间的逐渐收窄，IDH厂商逐渐转向ODM模式。目前我国ODM厂商主要包括龙旗、闻泰、华勤等。在手机设计制造模式选择上，手机品牌商一般选择集中企业优势资源自主研发中高端旗舰机型，而将主打成本、稳定性等性能的终端机型与ODM合作开发。如表4-5所示，目前全自主设计的终端品牌有苹果、vivo等；部分采用ODM模式的品牌有华为、三星、OPPO、LG、TCL等；采用ODM模式为主的品牌有小米、联想、魅族等。

表4-5　手机厂商采取的设计模式

设计模式	终端品牌公司	主要ODM公司
独立设计	苹果、vivo、诺基亚等	无
独立设计为主ODM为辅	华为、三星、OPPO、LG、TCL等	闻泰、龙旗、华勤、中诺、与德
ODM为主	小米、联想、魅族等	闻泰、龙旗、华勤、与德

资料来源：赛迪智库整理，2019年9月。

在整机方面，5G手机引领智能手机新潮流。2019年作为5G商用元年，华为、三星、小米、OPPO、vivo等各大手机厂商纷纷发布5G手机，已发布手机终端参数情况如表4-6所示。2019年发布5G手机以来，除了芯片和组网方式不同外，手机终端形态变化的一大亮点为柔性屏的使用。华为为首款柔性屏手机Mate X开发了独创的鹰翼式转轴，使两块屏幕实现开合无缝衔接，全面提高全面屏的视觉体验功能和握持手感。华为也根据其全面屏特性重新设计了交互功能。超大屏幕可以一分为二，在分屏浏览的同时可以实现双屏间的多任务协同操作。

表4-6　已发布5G手机终端情况统计

机型	芯片	组网方式	屏幕
华为Mate 30 Pro	麒麟990 5G SoC	NSA/SA	曲面AMOLED
华为Mate X 5G	麒麟980外挂巴龙5000	NSA/SA	柔性AMOLED
小米9 Pro 5G	骁龙855 plus外挂X50	NSA	AMOLED
vivo IQOO pro 5G/vivo NEX 3 5G	骁龙855 plus外挂X50	NSA	Super AMOLED
三星W20 5G	骁龙855外挂X50	NSA	柔性AMOLED
三星Galaxy Fold 5G	骁龙855外挂X50	NSA	柔性AMOLED
三星Galaxy Note10 5G	骁龙855外挂X50	NSA	Dynamic AMOLED

续表

机型	芯片	组网方式	屏幕
OPPO Reno 5G	骁龙855外挂X50	NSA	AMOLED
中兴Axon 10 Pro 5G	骁龙855外挂X50	NSA	AMOLED

资料来源：赛迪智库整理，2019年10月。

2.竞争格局

全球手机ODM厂商超过10家，其中闻泰、华勤、龙旗位列前三。据IHS Markit数据显示，2018年闻泰手机出货量达9020万部，同比增长8%；华勤出货量为8500万部，同比增长7%；龙旗出货量为5780万部，同比大涨69%，如表4-7所示。

表4-7 2018年中国主要ODM手机厂商Top 5出货量统计

厂商	出货量/百万部	同比涨幅
闻泰	90.2	8%
华勤	85.0	7%
龙旗	57.8	69%
讯通安添	17.8	202%
天珑	11.5	−25%

数据来源：赛迪智库整理，2019年10月。

近年来，智能手机在性能、续航时间等方面逐渐得以优化，且趋向同质化。据统计，2019年全球智能手机出货规模将首次出现大幅度下滑。但随着5G智能手机的推出以及5G网络的加速部署，智能手机行业将注入新的活力，带动手机终端应用与服务推陈出新，刺激市场出现新的增长点。

5G手机出货量整体呈现上升趋势，品牌格局持续巩固。受2020年初新冠肺炎疫情等影响，智能手机市场整体出货量大幅下降，但随着复工复产的稳步推进，2020年5月国内5G手机出货量超1500万部，占智能手机总出货量超46%，如图4-9所示。2020年1—5月新出5G机型达81款，智能手机上市新机型数量占比过半，其中以华为、vivo、OPPO、小米等品牌构成的"一超多强"手机市场格局趋于稳定。

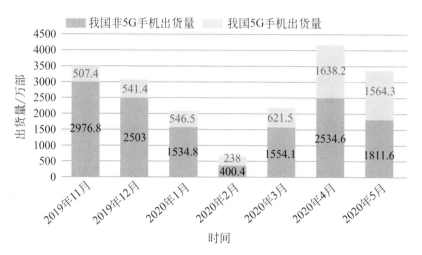

图4-9　2019年11月至2020年5月我国智能手机出货情况

（数据来源：赛迪智库整理，2020年6月）

据相关数据统计，2020年第一季度我国5G手机出货量快速提升，华为、vivo、OPPO、小米四大品牌合计市占率高达97%，市场集中度进一步提升。由图4-10可显示，价格方面，以3000～4000元5G品牌手机市场为主，华为、三星、柔宇等以折叠屏5G手机布局高端旗舰机市场，随着5G产业链的成熟，基于天玑1000+的vivo IQOO Z1、Redmi K30等低端5G手机价格下探至2000元左右。随着5G新基建更大范围的连续覆盖，我国5G手机出货量将进一步上升，市场马太效应继续深化，品牌手机厂商将继续扩大优势，提升市场份额。

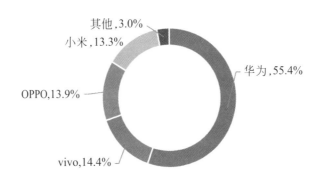

图4-10 2020年第一季度我国5G手机厂商份额

（数据来源：赛迪智库整理，2020年6月）

五、应用与服务

5G三大应用场景同时发力。近年来，随着5G技术在消费端和企业端的同时发力，5G终端典型应用案例不断涌现。超大带宽和超可靠、低时延为超高清视频直播，如国庆七十周年阅兵5G超高清视频直播、春晚5G直播、北京世园会5G+VR直播等助力。超可靠、低时延使得301医院顺利完成全球首例5G远程手术，百度车联网赋能长城、奇瑞等传统汽车厂商智能转型。终端应用案例的不断丰富，体现出5G技术与多行业领域加速融合与快速落地的新优势。

第三节
产业发展特点

一、首批次5G旗舰产品已形成规模量产

2019年5G终端产品相继推出，首批次产品已形成规模量产。

华为、三星、小米、OPPO、vivo等知名厂商相继发布量产5G手机。据相关数据统计显示，截至2019年底，我国共发布35款5G手机，出货量达到1377万，2020年第一季度申请入网的5G手机达57款。随着各大运营商5G网络的逐步完善和首批5G手机所培养的用户初步认知，5G手机在2020年已有较快增长。Canalys预测2023年5G智能手机出货量将占到智能手机出货量的50%以上。其中，中国将占据5G智能手机出货总量的34%，北美占19%，亚太其他地区占17%。

二、我国5G终端自主产业体系逐步破除垄断坚冰

我国在核心芯片、操作系统、关键配套器件等终端产业关键环节的设计能力不断提升。核心芯片方面，5G芯片研发能力和商用化速度大大提高，目前基带芯片已推出华为巴龙5000和紫光展锐的春藤510，且华为推出的麒麟990 5G芯片是世界首款集成5G基带商用SoC。操作系统方面，华为推出分布式微内核的鸿蒙操作系统，该系统可适配手机、电视、智能汽车等多种终端设备，有望借助5G契机打破安卓和iOS长期垄断局面。屏幕方面，柔宇科技全球首条类六代全柔性显示屏大规模量产线已于2018年6月点亮；京东方投产多条6代AMOLED生产线，其高端屏幕已商用于华为新款Mate系列手机。国产OLED屏幕从质量到产能都有大幅上升，有望打开屏幕市场新局面。

三、5G赋能终端设备实现智能转型升级

5G终端作为5G应用的关键平台和控制中心，给传统终端设备与人工智能等新兴技术融合落地提供了物理实现基础，为传统终端产业注入了全新的活力。一方面，5G高速、低时延的网络传输特性

为终端设备获取云端人工智能平台强大算力提供有效保障，赋能传统终端向轻量化和无线化演进。另一方面，人工智能技术通过5G高速网络获取海量数据基础，通过智能算法有效实现终端设备的软硬件加速以及软硬件资源的合理分配，为消费者带来全新交互体验。5G超高的网络传输速度使得云存储、超高清视频直播、文件分享成为常态，可有效解决传统虚拟现实终端由于网络延迟带来的眩晕不适，并实现高速云端智能渲染。终端智能化升级将催生更多终端新形态，为生活、生产等多种场景提供更多元化的体验。

四、三大5G应用场景的行业应用逐步落地

行业级终端是5G与垂直行业融合的重要切入点。随着5G网络设备建设的逐渐完善，5G终端业务开始向各垂直产业延伸拓展。随着面向eMBB场景的消费级5G终端的逐渐落地，面向uRLLC和mMTC两大场景的行业级终端应用开始呈现，如远程医疗、远程教育、智慧城市、智慧交通等多种行业实现落地。5G网络超大带宽和超可靠、低时延特性使其在远程会诊、远程手术和远程救援等医疗领域得到应用，能够支持远程高清会诊和医学影像数据的实时共享，提升诊断准确率和指导效率，降低患者就医成本，缓解偏远地区医疗设施不完备的压力；5G网络超大带宽助力实时远程教育成为现实，为促进教育公平、优质教育资源共享提供了切实解决方案；5G网络连接云计算平台、大数据平台、视频云平台以及指挥调度平台，为智慧城市构建起智能城市感知系统和决策系统。5G+北斗为自动驾驶汽车提供全天候、全天时、高精度的定位与导航，实现毫秒级时延和厘米级定位，同时车与车之间的快速双向通信使得行车路线规划更加合理和智能。

5G"新基建"经济拉动效应

5G作为支撑经济社会发展的新型基础设施和重要战略资源，是推动新一轮科技革命和产业变革的关键驱动力量。在全社会的大力支持下，经过产业界的共同努力，我国5G在科技研发、网络建设、用户发展、应用服务等方面取得显著成效，走在了全球前列。

加快建设新型基础设施是党中央、国务院作出的重大决策部署。在2018年12月的中央经济工作会议上，首次提出"加快5G商用步伐，加强人工智能、工业互联网、物联网等新型基础设施建设，加大城际交通、物流、市政基础设施等投资力度，补齐农村基础设施和公共服务设施建设短板"。2020年3月4日，在中央政治局常务委员会会议上提出"加快5G网络、数据中心等新型基础设施建设进度"。5G作为"新基建"的重要组成部分，具有强大的经济社会溢出效应，对于支撑经济社会转型升级、推动高质量发展具有重要意义，加快推进5G网络部署和5G产业发展，将会为我国经济社会全面创新和提速发展注入新的动能。

第一节

5G经济效益分析

5G能够全面推动信息基础设施升级，促进经济社会加速数字化转型，为经济增长提供新的动力。

从投资端来看，在5G商用初期，电信运营商首先展开网络建设投资，通过对上游5G设备环节的投资，为设备制造商带来大量收入；在5G商用中后期，社会资本大量涌入，打造互联网企业和5G相关的信息服务，从而带来大量收入。从行业来看，5G将逐步带动电信运营业、设备制造业和信息服务业的快速增长。

5G网络基础设施建设主要涵盖四方面内容。一是建设机房、供电、铁塔、管线等的升级、改造和储备。二是5G基站、核心网、传输等的基础网络设备研发与部署。三是5G新型云化业务应用平台的部署，与新业务以及各种垂直行业应用的协同。四是围绕5G的工业互联网新型先进制造网络环境，如物联网云、网、端等新型基础设施，围绕车联网的车、路、网协同的基础设施等。

根据工信部相关报告数据统计，截至2019年底，我国4G基站建设总数约为544万个，其中2019年新建4G基站超60万座。参考历年通信业统计公报，2019年新建4G基站数远远超过历年的新增数。一方面实现网络大规模扩容，弥补农村地区覆盖的盲点，提升用户体验；另一方面提升核心网能力，为5G网络建设夯实基础，为5G NSA基站网络建设做准备。

目前，我国5G基站通信频率采用Sub-6GHz，即2.6GHz附近、

4.8～4.9GHz（中国移动）以及3.5GHz附近频率（中国联通与中国电信），毫米波频段尚未规划。其中，所采用的2.6GHz、3.5GHz以及更高传输频率均高于4G通信所使用的2.4GHz，根据电磁波在空间中传输损耗模型，使用电磁波频率越高，基站覆盖范围越小。理论假设以3.5GHz组网，则5G基站数量约为4G的2倍，考虑实际建站中，中国移动5G基站使用2.6GHz频率组网，则综合考虑计算，5G基站数量至少是4G宏基站的1.2～1.5倍。在综合考虑5G基站布局密度、企业场景应用、运营共建共享等影响基站建设数量等因素条件下，预计全国5G基站约为653万～816万座。

根据一：根据中国移动2020年5G二期无线网主设备集中采购结果估算，单座5G基站主设备成本约为16万元。此外，中国移动2020年资本开支预算为1798亿元，其中5G基站相关投资约1025亿元，建设基站数量约34万，中国联通和中国电信合计建设基站30万，投入约732亿元，随着相关技术、设备等进一步成熟，预计每座5G基站成本将降至25万元。

根据二：三大运营商公布4G基站建设周期等相关数据（表5-1），5G基站建设高峰期为2021—2023年，如表5-2所示。

表5-1 2013—2019年我国4G基站建设数量与进度情况

年份	2013	2014	2015	2016	2017	2018	2019
4G基站建设数量/万座	13.9	83.1	103.9	112.7	75.4	89.8	65.2
占比	2.56%	15.28%	19.1%	20.71%	13.86%	16.5%	11.99%
累积	13.9	97	200.9	313.6	389	478.8	544
建设进度	2.6%	17.8%	36.9%	57.6%	71.5%	88.0%	100.0%

数据来源：赛迪智库整理，2020年8月。

表5-2　2019—2026年我国5G基站建设数量与进度估计

年份	2019	2020	2021	2022	2023	2024	2025	2026
5G基站建设数量/万座	13	64	120	125	112	94	73	51
占比	1.99%	9.8%	18.53%	19.14%	17.15%	14.4%	11.18%	7.81%
累积	13	78	198	323	435	529	602	653
建设进度	2.0%	11.8%	30.3%	49.5%	66.6%	81.0%	92.2%	100.0%

数据来源：赛迪智库整理，2020年8月。

按照保守估计，以5G基站建设数量653万座计算，按照每座5G基站25万部署成本计算，2019—2026年间全国5G基站累计直接拉动投资将超1.7万亿元人民币，如图5-1所示。

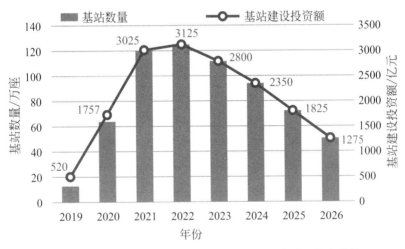

图 5-1　2019—2026 年全国新增 5G 基站数量与建设投资估算

（数据来源：赛迪智库整理，2020年8月）

5G产业链涵盖广泛，随着5G网络和产业投资部署的推进，国民经济千行百业将开启基于5G的数字化转型，打开5G产业万亿级市场大门。5G作为新型基础设施将发挥巨大的赋能作用，带动5G

社会化应用进入爆发期,5G将带动多类型终端及人工智能、虚拟现实、高清视频等行业应用市场规模快速上升,物联网应用、企业级应用将是5G应用创新的重点。

5G的大规模产业化、市场化应用将催生对网络设备等产品的需求,带动电子元器件、电子原材料等行业的发展,实现巨大间接经济效益。据相关数据统计,5G在拉动间接经济产出方面,到2025年、2030年,5G将带动的间接产出分别6.3万亿元、10.6万亿元,十年间的年均复合增长率为24%。增加值方面,到2025年、2030年,5G将分别拉动2.1万亿元、3.6万亿元增加值,十年间的年均复合增长率将达到24%。5G还将带动互联网信息服务收入的快速增长,预计至2030年,相关互联网信息服务收入将达到2.6万亿元。

5G的应用可增加信息消费的有效供给,释放内需潜力。5G的应用将促进信息产品和服务的创新,让智能家居、可穿戴设备等新型信息产品,8K视频、虚拟现实教育系统等数字内容服务真正走进千家万户,推动信息消费规模扩大和层级提升。5G还能有效促进虚拟现实购物、车联网等垂直领域的应用发展,带动"互联网+"等领域的相关消费。

5G技术、产品在各个行业的广泛渗透应用,将创造大量就业机会。到2025年、2030年,5G的商用将直接分别带动350万、800万个就业机会。5G还对就业具有倍增效应,到2030年,5G将间接带动约1150万个就业机会。

第二节

5G对经济社会发展的贡献

信息通信技术作为通用目的性技术,与经济社会融合发展,每次信息通信网络的迭代升级，都会促进经济社会发生跨越式发展。5G技术带来的经济和社会效益主要表现在以下几点：

一是为经济发展注入新动能。加快推动5G发展，有利于推动我国信息通信产业全面迭代升级，通过发展和应用5G技术，将会带动核心电子元器件、高端芯片、操作系统、应用服务、智能终端等全面升级，为信息通信产业创造新的市场空间，注入发展新动能，促进我国相关企业实现后发赶超。加快推动5G发展，有利于推动我国传统产业转型升级，通过5G和现有产业的全面深度融合，将会培育出5G服务下产业发展新业态，通过释放流量和连接红利，将进一步促进新服务业态发展。

二是为社会发展增添新活力。21世纪以来，我国每次移动通信网络的迭代升级都为社会发展增添了新活力。2G网络的部署开启了全民移动通信新时代，随时随地能够实现与其他人通话，降低了社会沟通成本，极大地提高了沟通效率。3G网络的部署开启了全民移动互联网时代，手机不再只用于通话，成了人们获取信息的重要渠道。4G网络的部署开辟了"移动互联网+"时代，各种移动服务无处不在，深刻地改变了人们的生产生活模式。相比4G网络，5G移动通信网络区分业务服务能力更强，能够支持大流量、大连接、低时延等各种应用场景，必将会促进各种场景5G应用的爆发式增长，极大改变社会形态和生活模式，进而带动社会全面进步。

三是为国际竞争赢得新筹码。全球5G网络的部署和应用将创造一个10万亿美元级别的市场，世界主要大国和重点企业都不愿意错失这块"大蛋糕"，都在围绕这个大市场的争夺以各种方式展开最后的殊死搏斗，力图在争夺中赢得发展主导权。2018年以来，美国政府以各种借口和手段打压我国5G提供商华为和中兴通讯，就是全球5G竞争白热化的标志性事件。大力发展5G产业，支持5G重点企业走出国门，为国际合作伙伴提供5G基础网络建设、应用服务和安全保障,不仅有助于我国在5G时代赢得全球信息通信产业发展主动权,更加有助于吸引更多的国际合作伙伴加入以我国为核心的国际竞争队伍中,扩大我国国际影响力。

四是为国家安全筑牢新基石。数字经济时代的基础通信网络安全性是国家安全中的重中之重。5G是基础性通信承载网络,未来随着数字经济的发展和数字社会的推进,各类信息传输都离不开5G网络。网络中关键核心部件不自主可控,就有可能存在网络被其他国家渗透、监听和中断以及重要信息被窃取等风险。斯诺登事件就暴露了美国政府利用美国信息产业八大金刚,通过信息网络监听其他国家信息的黑恶行径。发展5G技术和产业,推进5G网络、设备、应用的全面自主可控,可进一步夯实我国在数字经济时代国家安全的基石。

过去20年,我国经济社会发展已经从移动通信技术的历次迭代发展中获得了巨大的发展红利,尤其是4G网络的快速部署,带动我国整个经济社会步入互联网全面融合创新的发展快轨期,为产业转型、服务升级、社会提档注入了强有力的支持。1G和2G时代,我国移动通信技术和产业处在跟跑状态;3G和4G时代,我国移动通信技术和产业转向了并跑;5G时代,我国要充分利用好创新政策措施、加快部署应用、鼓励创新创业、加强国际合作这四个发展驱动轮子,加快发展5G技术产业,为我国信息通信产业提档升级、经济社会跨越发展、国际竞争全面提升提供坚强支撑。

第三部分

应用创新篇

5G是当今世界科技和产业竞争的焦点，对促进经济社会数字化转型具有重要的支撑引领作用。5G作为"数字基建"的领头羊，其涉及领域多、涵盖范围广、经济带动作用强，在超高清视频、虚拟现实、工业互联网、智慧交通、远程医疗、智慧教育、数字治理等领域的创新应用，不仅对助力疫情防控和复工复产作用突出，更将在稳投资、促消费、助升级、培植经济发展新动能等方面发挥长期作用。

第六章

5G+超高清视频

第一节

总体发展概况

  当前5G和超高清视频是电子信息领域的两大发展热点,超高清视频被业界认为是5G商用初期的主要场景。4K/8K/VR超高清视频的制作、传输、分发对网络的带宽和时延有较高需求,5G技术的大带宽、低时延特性则可以很好地承载超高清视频的相关操作,带给用户最佳的视听体验。同时,5G+超高清视频融合应用能够大力提高超高清视频内容的生产效率及传输速度,促进超高清视频在广播电视、文教娱乐、医疗健康、安防健康、智能交通、工业制造等行业领域的应用,驱动以视频为核心的行业数字化转型,撬动巨大的垂直行业应用市场,进而产生广泛的社会效益。

第二节
创新应用

一、5G+超高清融合服务新模式加速拓展广播电视领域新应用

5G赋能信号稳定传输、效率互动以及更广泛的内容受众，利用5G以及人工智能、大数据和区块链等新一代信息技术，创建智慧广电云。5G促进广电的企业和互联网深度结合，不仅从生产、采集进行融合，同时还要对发布和渠道进行融合，形成一个测、采、编、发、屏的过程。在5G智慧广电方面，一是超高清转播，即将真正高动态范围的4K信号传播到更宽的范围，通过5G能力将摄像机捕捉到的信息汇总到公有云的数据中心，再通过云上的制作将信息推向屏幕前的受众，实现受众的互动需求；通过边缘云，把采集的信号直接分发给现场受众，极大增强用户体验。二是超高清的制播，在5G网络支持下，超出电视台的瓶颈完成高带宽的制作要求，实现5G播出。三是融合媒体，将融合媒体中心的数据大屏和数据呈现拓展到5G创新应用的楼宇大屏覆盖，再利用监控摄像头，以视频的方式、5G的方式将投放广告的情况集中回到处理中心进行监控，实现整个屏幕内容的推送，同时监控屏幕的运转和推送情况，达到既有发出也有回收的目标。2019年8月，我国第一辆5G+8K转播车正式亮相，于9月用于北京男篮世界杯的8K转播任务，为2022年冬奥会实现8K+5G转播打下坚实的基础。

案例1：

山东完成5G+4K超高清电视直播。2020年9月，济南广播电视台电视娱乐频道、有线网络4K机顶盒178频道、天下泉城客户端对2020敬泉盛典暨第八届济南国际泉水节启动仪式进行了全程直播，实现了省内首次5G+4K超高清电视直播。本次4K直播通过专业的5G-4K背包设备，经广电5G网络传输至山东有线平台，在济南地区机顶盒端播出高码率4K直播节目，首次在山东省内实现了通过有线电视网络平台进行4K超高清电视的现场直播，济南地区广电网络用户可实时观看，并完全实现了大小屏幕（电视和手机）、全媒体多平台的4K及高清信号同步直播。

案例2：

中央广播电视总台启动"5G+4K/8K超高清制播示范平台"。中国移动政企事业部、北京公司、上海公司、雄安产业研究院共同建设该平台，落地媒体行业的5G应用场景，树立5G融入媒体的网＋云+DICT的全国标杆案例，打造超高清制播产品和解决方案，涉及总台北京总部和上海传媒港建设5G+4K/8K超高清制播系统、5G超高清业务传输网络等基础设施、建设便携式5G+4K/8K直播编码传输系统、AVS2/AVS3标准超高清电视影院直播系统、5G和超高清相关测试体系等五方面内容，项目总投资为4.2亿元，计划未来2年内完成建设任务。其中，中国移动承担中央广播电视总台复兴路办公区和光华路办公区已完成5G专网建设以及上海传媒港的5G专网建设，2021年5月完成该项目边缘计算平台和网络切片运营管理平台的建设。2022年5月，完成项目的整体验收，实现项目落地。

案例3：

　　佛山电视台建设5G+4K/8K超高清实验室。2020年8月，佛山电视台跟4K花园开展合作建设5G+4K/8K超高清实验室，把5G+4K/8K超高清技术应用到内容生产中去，带给观众更多精彩优质的内容。5G+4K/8K技术广泛场景的应用，将给观众带来更好的沉浸式影音体验。采用"1+5+N"运作模式："1个中心"即与行业领军企业成立一个"超高清实验中心"；"5个片区"即建立纪录片工作室及顺德、南海、高明、三水一共5个内容生产片区；"N"是指22个镇街基层制作单元。应用5G、超高清等新技术以更优质、多形态的视频影像传播，更广泛、更立体地讲好佛山故事、宣传佛山形象。

案例4：

　　上海首个4K超高清频道——欢笑剧场频道开播。2020年7月，上海广播电视台、东方明珠已完成4K超高清演播室的建设和编播系统的搭建，并做好频道传输及安全播出等各环节的准备工作，7月份正式开播上海首个4K超高清频道——欢笑剧场频道。4K超高清欢笑剧场频道是在上海广播电视台原高清欢笑剧场频道的基础上，保持名称和呼号不变调整升级而来。频道全天24小时播出，内容囊括影视剧、综艺、纪实、体育等门类。首播栏目包括《甄选影院》《强档综艺》《超清赛事》《探索大发现》等，播出内容全部符合国家新闻出版广电总局关于4K超高清电视播出的相关技术标准。目前，国家新闻出版广电总局共批准526个高清电视频道，包括471个开路高清频道（含3个4K超高清频道）、55个付费高清频道（含2个4K超高清付费频道）。

二、5G+超高清视频技术融合加快探索安防监控领域应用新场景

由于科技的进步、国家政策的推动，AI和5G技术的引入及推广，智慧城市、雪亮工程等国家重大项目的展开，视频监控设备联网共享，安防企业获得的视频资源越来越多，也让超高清视频监控市场迎来了破局的曙光。超高清视频监控应用领域非常广泛，比如电力线路的监控与检修，通过超高清视频画面，观察电力输电线路及电力设备运行情况等问题，可以大大减少维修时间和成本；还可以应用在无人机上，使用户通过安装在无人机上的超高清设备，可以在高空对目标进行远距离清晰的监控跟踪；也可用于家庭监控、可视对讲、天网监控、平安城市等智能安防场景。

三、5G+超高清视频技术融合开展工业制造领域智能制造新应用

超高清视频应用于工业制造领域，能够有效加快超高清工业内窥镜、工业相机、生产线自动检测设备等的产业化，推动超高清视频技术在工业可视化、缺陷检测、产品组装定位引导、机器人巡检、人机协作交互等场景下的应用。目前，海康威视、大华、华为等已推出超高清工业相机。2019年1月，青岛开展基于5G的自动化港口试点，结合高清视频，实现了复杂环境下的集装箱远程抓取与自动化运输，创造了超高清视频在工业控制领域的应用。但目前仍缺乏典型工业制造应用场景，行业系统集成解决方案偏少。表6-1列举了5G+超高清视频应用案例。

表6-1　5G+超高清视频应用案例

领域	地点	参与企业	具体事项
新媒体	长春	中国联通、中央广播电视总台	共建国家级5G新媒体平台，助力总台5G新媒体平台成功实现4K超高清视频集成制作，保障16路4K超高清视频信号中的6路5G网络实时回传，覆盖"5G直播互动""5G云采编"等创新应用，提供多样化综合融媒体服务，为宣传提供有利的媒体传播渠道
	全国	中国农民丰收节组织指导委员会、人民网人民视频、中国电信	采用超路视频同步推拉流，实现全国农民丰收节5G超高清+VR直播，全国70地农民丰收节全媒体高清直播，视频流超过150路，向超70家媒体进行视频分发，同步直播
体育赛事转播/直播	山西	中国移动、山西电视台、中国移动咪咕视频	青运会直播，"四屏同看的多视角直播"入口，能自由选择4个不同视角的高清画面，享受到实时、多视角、超高清的直播体验
	福州	中国电信、中央广播电视总台	央视5G直播中华龙舟大赛福州站比赛，实现移动机位高清视频回传，观众可通过装置在龙舟船头的高清摄像机及CPE Pro设备，以第一视角感受龙舟大赛的激情与魅力
文教娱乐	北京	中央广播电视总台	5G+4K全国两会直播：基于5G超高带宽，可时支持4K超高清信号的多路直播回传，灵活部署4K拍摄，提升4K超高清内容生产效率，构建超高清直播节目的多屏、多视角等全新场景
	广东	广东实验中学、中国移动	"5G 我即校园"智慧教育应用：通过5G网络为师生提供直播互动课堂，以及VR/AR课堂等教育应用

续表

领域	地点	参与企业	具体事项
文教娱乐	北京	北京邮电大学、中国联通	5G+4K全息投影远程直播授课,凭借5G低时延、高速率特性实现的4K超高清影像实时传输与全息投影
	西安	西北工业大学、中国电信	"5G+远程支教"项目:5G+光网构建校园双千兆融合超高速网络,满足高频次、低延时的网络远程支教需求,实现校园高速网络基础环境建设,满足校园信息化建设需求;光纤进班,5G覆盖,实现双千兆融合,音视频画面及时回传、高效互动
医疗健康	北京、海南	华为、中国移动、中国人民解放军总医院	5G+超高清远程手术:实时5G高清视频,远程操控手术器械,进行"脑起搏器"植入手术
	安徽	中国移动、蚌医二附院	5G远程手术指导:利用5G网络从医疗数据库中实时查看腔镜视频和病案资料,对固镇县人民医院主刀医生操作给予同步精确指导
	上海	中国电信、上海仁济医院	5G智慧医疗机器人解决方案应用:5G下行速率达千兆级,移动机器人接受信息,任务指令更加高效快捷,医学服务机器人通过5G通道实现与病人的视频交互;结合5G室内分布,为机器人提供精确室内定位,与机器人激光雷达形成有效补充;依托高效能网络转移运算需求到云端,降低机器人的体积、重量、功耗、成本及价格等
智能交通	上海	上海汽车集团股份有限公司、华为、中国移动	上汽集团C-V2X智能出行:实现近距/超车警告、前车透视、十字路口预警、交警等预警、绿波带、"最后一公里"等智能出行应用

续表

领域	地点	参与企业	具体事项
智能交通	南宁	南宁交管部门、中国移动	基于5G网络将南宁路况实时传输至5G边缘服务器，利用远端部署的时频违法时间自动监测，快速输出违法结果，从源头上降低事故风险
工业制造	武汉	中国联通、宝武钢铁	提供5G+MEC端到端整体解决方案，满足厂区大流量高清视频回传的需求。通过就近部署各类工业应用，满足制造业在数字化变革过程中对实时控制、人工智能、数据聚合与互操作、安全与隐私保护等方面的关键需求
	广西	广西柳工集团有限公司、中国电信	5G远程操控工程机械：远程控制端和挖掘机上部署5G CPE；挖掘机上的摄像头实时采集超高清图像，并经过5G网络回传到控制端的屏幕；控制端操作人员通过手柄操控挖掘机内的控制系统，实现远程驾驶

资料来源：赛迪智库整理，2020年7月。

第三节

发展特点

加速发展5G新基建，完成5G+4K/8K超高清制播，促进了基于5G网络的超高清视频快速传输，提升超高清视频的传播效率，带动视频内容的采、编、播、传、用等各个环节升级优化，包括内容制作、内容编码、语音编码、设备间连接、5G+4K/8K回传、5G+云非编桌面、5G+多屏多视角、5G+云端渲染等，将进一步丰富超高清视频内容供给。5G赋予超高清视频产业"新连接""新架构"和"新服务"三方面价值，"新连接"促进内容生产更加高效，"新架构"助力视频体验更加丰富，"新服务"促进数字生活更为精彩。

一、新连接

利用5G大带宽、低时延的上下行等新连接特性，可满足无人机5G背包等各类移动视频采集、多视角VR拍摄、超高清回传等连接要求，无需转播车协同和专线部署。目前5G的稳定性和品质已经能够满足回传需求，并且相比光纤和微波可以节省超过80%的部署时间。通过5G回传，还能为活动现场提供在传统的拍摄方法下，无法提供的特殊视角。

二、新架构

在架构上借助"5G边缘计算"和"切片"的特性，将现场的导播特效渲染，后期的非编媒资等生产工具和平台转移到云端，尽可能地降低现场部署的周期成本和制作门槛，促进超高清内容的常态化供给和变现。

三、新服务

持续构建"5G+云+AI"的端到端解决方案能力，以5G高带宽、低时延的特性为基础，云和AI能力将会成为未来媒体内容生产的很重要的"生产要素"乃至"生产平台"，将会革命性地改变现有的低效生产方式和生态工具。

各省市5G+4K/8K实验室（研究中心）建设情况如表6-2所示。

表6-2 各省市5G+4K/8K实验室（研究中心）建设情况

名称	地点	支持单位/企业	功能
国家超高清电视应用创新实验室	北京	国家广播电视总局广科院、星光影视、索贝、动听效率、体奥动力等	聚焦5G+8K应用，围绕超高清节目内容制作、音视频编解码、信号传输、终端显示等关键技术环节，开展核心技术攻关、关键设备研发、标准孵化、知识产权服务、设备及内容测试认证、技术人才培训、企业投融资辅导以及规划战略咨询等全方位技术研发及服务工作，并为北京2022冬奥会8K超高清转播实验提供全面技术支撑
中央广播电视总台5G+4K/8K+AI媒体应用实验室	上海	中央广播电视总台、中国版权保护中心、沃民高科等	通过与海马云的战略合作，共同打造这一针对网络内容进行人工智能识别巡检的平台。将依托多维度全标准网络内容的人工智能识别分析能力，对网络音频、视频、图像、文字内容进行监测巡检
5G高新视频多场景应用国家广播电视总局重点实验室	长沙	中国广电、湖南广播电视台、湖南广播影视集团、电广传媒等	该实验室将推动广电5G与各行业合作与应用，共同建设具有示范引领作用的广电5G、智慧广电和超高清视频产业应用及商业模式创新高地，打造智慧广电超高清视频多场景应用研究的专业品牌，力争成为国网5G多场景多应用多产品的实验孵化基地和国网5G内容生产、分发与运营的中心
5G联合应用（研究）中心	成都	四川广电网络、华为等	建设区域性5G+4K/8K+VR智能融合全媒体平台、基于5G+AI的公共视频联网共享智能处置平台等，将从物联网平台、基础传输网络建设、终端开发方面进一步提升广电智慧社区服务运营能力，并从云计算、大数据等方面快速推进广电网络智慧社区规模扩展，以及为社会治理、行业视频应用、智慧城市建设提供大视频处理基础能力

续表

名称	地点	支持单位/企业	功能
5G融媒体实验室	郑州	河南今报传媒、郑州联通等	具备直播互动、新闻采集、远程生产等媒体制作功能。建设融媒体平台，可接收通过5G网络实时传输的超高清视频内容、新闻图像、采访稿件等素材。在重大报道、重大活动、重大赛事等多场景多领域，搭建5G端到端传输、4K超高清演播室、4K编转码系统等应用环境，开展"5G+4K"现场直播、四屏同看、多视角呈现、VR网络播出等新业务新应用测试，形成内容全形态、分发全媒体、传播多平台的"5G+4K"生态格局
5G联合创新应用实验室	济南	山东广电网络、华为等	该实验室重点在5G规划与建设部署研究、5G行业业务孵化和示范推广、广电5G新媒体研究、全媒体云平台等方面开展研究

资料来源：赛迪智库整理，2020年8月。

第四节

发展展望

5G+超高清融合将促进行业应用规模扩大，重点产品市场规范和评测业务不断完善和丰富，公共服务平台和区域产业载体不断完善，对电子信息和视频产业支撑服务力度将不断加大。

一、基于5G网络的超高清直播将成为主流应用场景

5G+超高清的大型赛事直播、大型演出直播、重要事件直播等

各种应用场景，给观众带来身临其境的现场参与感，全角度展示、画质更超清、观感更真实，促进未来超高清直播成为主流应用场景。另外，随着智慧课堂、智慧医疗、智能交通等快速发展，5G+超高清将促进教育、医疗、交通等领域的智能化、数字化产业升级。

二、重点产品市场规范和评测业务不断完善和丰富

超高清视频是继数字化、高清化之后的新一轮重大技术革新，对于推动产业转型升级、满足人民美好生活需要具有重要意义。重点企业、高校和科研院所将更加深入研究分析5G+超高清技术路线探索、技术和产品研发中试、互联互通测试、协同创新、解决方案验证等，帮助企业和研究院所将更多资金和资源专注于技术和产品的研发进程，为行业发展提供应用创新。

三、5G+超高清公共服务平台和区域产业载体不断完善

随着设备标准和规范合规性验证测试认证、产品视频质量测试和认证、产品设计、系统集成设计、引导性的制高点示范系统设计与集成、高端系统集成（转播车、制作、行业领先应用）、产业合作（基于产业园的文化类合资公司、基于产业园的制造类合资公司）、供应链服务等不断发展，基于5G+超高清的知识产权交易、行业应用解决方案推广销售、内容版权分账、影视节等展览展示运营、视频应用人才培训和实训基地运营等的公共服务平台和区域产业载体将不断完善。

第七章

5G+虚拟现实

第一节

总体发展概况

清晰度、流畅性及交互感是影响VR体验的三大因素。相较于本地VR来说，云VR的业务运行在云端，平台与终端之间通过网络连接，可见，云VR的体验因素将受到网络的影响。对于清晰度来说，视频内容分辨率越高，视频越清晰，但也将导致信息量越大，对带宽的要求越高。对于流畅性来说，视频内容的有效帧率越高，视频越流畅，但也会导致信息量增加，对网络带宽的要求增高。另外，视频流畅性还需要高可靠、低时延的网络保障，否则将会导致视频的卡顿与花屏。AR/VR关键在于视觉沉浸度，其中多交焦面显示技术在4K显示所需的带宽达到25Gbps以上，全息编码图像大体量的全息计算，要求计算时间小于3毫秒，因此4G网络的网络能力难以满足AR/VR更高程度的视觉沉浸。AR/VR业务与5G的大带宽特性高度契合，可通过5G，将云计算等技术引入到AR/VR中，借助5G高速稳定的网络，将AR/VR所需的计算及处理能力置于云端，可有效减少终端成本，且维持通信中实时、高清等良好的用户体验。

第二节
创新应用

5G云VR利用云端强大的计算能力，将应用部署在云端并通过5G网络进行信息交互，能有效降低用户消费门槛，提升用户体验，助力VR的普及与VR应用的规模化发展。基于大带宽、高可靠及低时延的5G网络，降低云VR网络传输时延，促进端云异步渲染质量，增强交互感，保障云VR良好体验。随着5G商用进程的推进，VR已与医疗、娱乐、航天、房地产、教育、旅游等领域深度结合。尤其是2020年，受新冠肺炎疫情影响，VR技术在相关行业的应用更是频繁落地，对大众来说，"云生活""云监工""宅经济"等这些热词不再陌生，这些都离不开VR/AR的加持。5G+VR应用场景见图7-1。

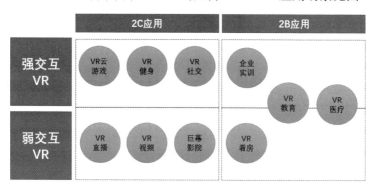

图 7-1　5G+VR 应用场景

（资料来源：艾瑞研究院，赛迪智库整理，2020年7月）

一、5G+虚拟现实+影视

观影者可以随意选择观看视角，主动推动电影情节，全方位提高观影者体验；在红色教育中，可以真实还原当时场景，实现人机交互，提升教育效果。5G云VR传输方案基于5G NSA组网实现，成熟时间早。云VR视频业务属于eMBB场景，对时延要求相对宽松，在40毫秒时延内对用户影响不大，因此，基于5G的云VR传输方案能保障云VR视频用户的良好体验，将推动云VR视频应用场景的发展。基于5G MEC的解决方案是未来主流的解决方案，将进一步提升云VR视频用户的体验，同时基于MEC的CDN也将成为未来的发展趋势。在内容方面，存量影视长视频、抖音等短视频的转换，热点体育赛事、会议、演唱会直播及海外VR视频内容的引入使VR视频内容逐渐丰富化。在云VR发展前期，VR视频内容相对丰富，基于5G的云VR传输方案将推动云VR视频点播、云VR视频直播的快速发展。

二、5G+虚拟现实+医疗

5G+VR+医疗可以实现手术预演，研究最佳手术方案，提高手术操作熟练度，提升手术成功率；发挥虚拟现实沉浸感特性，对患者进行心理干预，消除患者紧张情绪等；也可以通过头显设备全方位观察病情，深入了解患者病因，提高做诊断的准确度。云VR在医疗行业的应用主要包括远程医疗、教育培训及医疗诊断三个细分领域。远程医疗包括远程会诊、远程手术指导、远程康复指导、远程巡视/查房等。教育培训是指对医护人员的教育和培训，主要包括医学解剖教学，手术直播教学及手术操作训练等。医疗诊断是指将VR作为诊疗水平提升的工具，主要包括医学影像的分析和诊断、手术规划、精神类疾病治疗等。其中，医学解剖、手术操作训练等强交互VR应用需要基于5G MEC的解决方案才能保障良好的体验需求。目前，业内主要采用内容厂商、解决方案厂商直接为医院提供服务的模式。因医疗领域专业性强，细分领域多，内容厂商同时兼顾内容制作和应用推广，投入大，内容更新慢，不利于VR在医疗领域的发展。未来，云平台模式，云VR平台与内容厂商、解决方案厂商分工合作，共同推动VR在医疗领域的应用更具优势。VR在医疗领域已经实现了急救操作训练、直播教学、新生儿探视、ICU病人探视、精神疾病及心理疾病康复治疗等细分领域的应用。2019年，我国医疗机构数量共计101.4万个，按照医院平均采购50台、基层医疗机构平均采购10台计算，预测VR在医疗领域可达到1000万的用户规模。在内容方面，如前文所述，医疗领域专业性强，细分领域多，需要由资深医疗背景的内容开发团队，或者内容制造商与医院合作开发，内容开发难度大，开发周期长，发展较缓慢。综上所述，在医疗领域，示教、探视及简单操作训练等体验易保障且内容易开发的应用场景，发展速度较快。

第三节
发展特点

一、5G赋能VR/AR切实解决产业痛点

VR经历2015—2016年的火热之后，市场很快趋于清淡，主要受累于网络传输速率较低、时延较长，用户体验差，同时终端设备价格高，便携性偏低，普及率难以提高。目前多数主流VR终端售价

动辄数千甚至上万。5G+VR促进设备无线化,方便用户自由行动,多人互动、多人联机更加优化;采用移动边缘计算机制,能在极短时间内反馈客户数据,往返延迟在1毫秒内,用户不会感觉到眩晕;拓宽云游戏、云直播VR流媒体等多个领域,降低用户体验门槛。VR对网络带宽的需求见表7-1。

表7-1 VR对网络带宽的需求

类别	初级体验	中级体验	高级体验
单眼分辨率	5037×5707ppi	5037×5707ppi	5037×5707ppi
帧率	25～30fps	50～60fps	100～120fps
半屏	～70Mbps	～175Mbps	～350Mbps
360° VR	～840Mbps	～2.1Gbps	～4.2Gbps

数据来源:华为,赛迪智库整理,2020年8月。

二、5G+Cloud VR(云化虚拟现实)加速推动应用落地普及

Cloud VR核心在于内容上云、渲染上云。Cloud VR将云计算、云渲染的理念及技术引入虚拟现实业务中,借助高速稳定的网络,将云端的显示输出和声音输出等经过编码压缩后传输到用户的终端设备,在虚拟现实终端无绳化的情况下,实现业务内容上云、渲染上云,成为贯通采集、传输、播放全流程的云控平台解决方案。渲染上云可以大幅降低终端CPU+GPU的计算压力,使终端实现轻量化,成本大幅降低。5G依托其高速率、低时延的特性,相比4G可以拥有更优的带宽和时延水平,提升用户体验,同时利用云化技术,降低终端成本,实现轻量化、无绳化、移动化,促进VR/AR成为5G的杀手级应用。新冠肺炎疫情期间,武汉火神山、雷神山建设过程全程直播,上亿网友通过5G+VR/AR+4K全景式旋转超高清镜头观看医院的建设进度,充当"云监工",透过连续性提供的直播画面,

火神山、雷神山医院的建设环境、建设流程、施工细节、工人施工动作和语言变得如临现场，亿万用户手中的"屏幕"变身"超级舆论场"，有效地监督着施工进度，见证了中国速度。

5G 云 VR 整体解决方案见图 7-2。

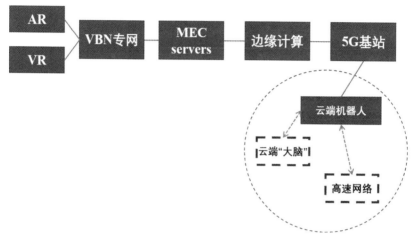

图 7-2　5G 云 VR 整体解决方案

（资料来源：赛迪智库整理，2020 年 8 月）

在园区安防方面，利用 5G 网络的大带宽特性，结合 AR 等技术，搭载高清摄像头，实现全景巡逻，同时进行快速的人员识别及周边环境分析，协助工作人员进行远程指挥并及时开展行动。在工业协作方面，利用 5G 网络的大带宽、低时延搭建云端"大脑"，通过柔性关节和云端"大脑"实现高精准操作，进行灵活抓取和移动；同时，基于海量数据和多动视觉传感等，结合强大的云计算能力，实现自动化决策。在智能服务方面，利用 5G 网络的大带宽特性，结合人工智能和自然交互技术，构建云端数据库，并进行自动人脸识别，解决个性化问题；同时，依据云端数据共享，可快速同步其他机器人的服务能力。

三、5G网络促进虚拟现实业务实现更高程度的视觉沉浸

5G网络能满足近眼显示技术对传输带宽的更高要求。近眼显示技术以角分辨率、视场角、色深、刷新率、焦平面等作为衡量视觉沉浸感的主要测度，完全沉浸体验所需的原始带宽可达5Tbps。内容制作主要技术包括实时抠像、全景拍摄、云端三维重建、虚实场景拟合、空间计算等，5G网络可以为实时抠像提供更高的渲染帧率，提高沉浸体验。同时，5G网络的大带宽、低时延等特性将在云端内容渲染、感知交互、网络传输等方面提供支撑。

第四节
发展展望

一、5G云VR降低用户消费门槛，提升用户体验，将助力VR应用发展

云VR视频内容较丰富，且基于5G的传输方案能满足其体验需求，发展速度快；VR云游戏需要基于5G MEC的解决方案才能保障用户良好的体验，且现在内容单一，用户爆发式增长需要较长时间；在教育领域中，视频教学类场景体验易保障，内容开发难度低，发展速度较快；在医疗领域中，示教、探视及简单的操作训练会先发展起来。

二、5G与云VR相互促进，将助力运营商5G业务及云VR业务的发展

除内容外，体验是影响云VR发展及用户决策的主要因素。在终

端下降的前提下，体验与内容将影响云VR细分应用场景的发展速度。在体验优势的加持下，运营商云VR平台有可能改变现在视频、云游戏等应用的市场格局，尤其是对时延要求严格的云游戏，但受体制影响的团队素质及运营能力是其成功的主要阻碍。5G的大带宽与低时延保障云VR良好的用户体验，助力云VR的发展。云VR作为5G的典型应用场景之一，规模化发展又将加速5G网络的建设与应用。5G与云VR相互促进，为运营商带来发展机会。首先，云VR视频点播、体育赛事/演唱会直播及云游戏等场景的规模化发展，将带来DOU的爆发式增长，推动运营商5G业务的发展。其次，5G实现云网融合，为运营商发展云VR业务带来优势。

5G云VR终端节约规模见图7-3。

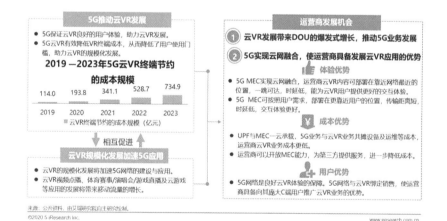

图 7-3　5G 云 VR 终端节约规模

（数据来源：艾瑞研究院，赛迪智库整理，2020 年 8 月）

第八章

5G+工业互联网

第一节
总体发展概况

5G与工业互联网融合发展是抢占新一代科技革命制高点的重大抉择，5G可满足海量信息采集、大数据处理和远程控制等需求，将成为从消费互联网到产业互联网转型的新动能。随着新一轮科技革命的深入推进，世界各国纷纷加快5G技术的研发应用，工业是重点应用领域，开启了万物互联的数字化新时代。工业互联网汇聚了AI、云计算、物联网、大数据、VR/AR、区块链等多种信息技术，加上以5G网络和技术为基础，将带来全产业价值链的提升。由5G来推动工业企业网络的智能化，推动工业制造高质量发展，是工业互联网里最重要的一个抓手，也是国内工业互联网最强的竞争力。可以突破数据孤岛约束，通过云端大脑处理复杂数据，并及时同步优化关联机器人，使机器人融会贯通；柔性、精准操作，为制造和服务提供保障；监控、质量管理和远程运维也为机器人产业带来无限可能。

一方面，5G是工业互联网的关键使能技术：5G的高速率大带宽、低时延高可靠、大连接广覆盖的特性可有效满足工业业务苛刻的安全性、传输时延及可靠性要求；特别是在工厂内网改造上，利用5G技术开展工业互联网内网改造将有效促进工业互联网内网无线化、扁平化、IP化发展。另一方面，工业领域是5G的主要应用场景：5G+工业互联网在垂直领域的融合应用将带动产业数字化扩张，在工业领域形成以智能化为中心的新组织、新产品、新模式，实现社会生产全要素、全产业链、全价值链的重构升级，助力实体经济数字化转型发展。5G在工业领域的成功应用将为5G发展开辟更为广阔的市场空间，有力拉动5G技术和产业进一步发展成熟，促进我国5G商用发展向更高水平迈进。

一、政策推动为5G+工业互联网增添动力

5G作为新一代信息通信技术，有助于在智能制造、远程操控、智慧园区等方面推动工业互联网创新发展，有助于推动工业数字化转型升级。5G具有大带宽、海量连接、低时延和高可靠等特性，能够全面满足海量的工业设备数据采集、传送和汇聚需求，为工业互联网发展提供强大的网络支撑。近几年，国家层面及相关部委相继出台一系列政策支持和推动工业互联网发展，内容涉及产业顶层设计、技术政策和标准、网络基础设施建设、研究开发、应用部署和落地实施指导等。

二、5G+工业互联网基础坚实

目前，国内制造企业积极运用5G网络技术开展工厂内网改造，

电信运营商加快建设高品质的基础网络；已建成并运行5个国家顶级节点，标识注册量已达11亿；具备一定行业、区域影响力的平台数量超过50家，重点平台的平均工业设备连接数突破65万台、平均注册用户数50万、平均工业APP数1950个；国家、省和企业三级联动的安全保障体系加快构建，已与12个省进行对接，覆盖企业9.1万家，监测工业互联网平台135个。

三、5G+工业互联网推动工业制造高质量发展

5G赋能工业企业的全流程，促进工业企业的增效降本。5G新型网络架构能提升工业互联网的智能化组网服务能力，支持工业企业组建5G虚拟专网，整合研发设计、生产制造、经营管理、市场营销和售后服务等全流程不同网络能力，提高网络资源利用效率，降低企业网络运维成本。5G后续增强版本还将提供高频通信、卫星接入、高精度定位以及对时间敏感网络的支持，有针对性地提升工业实时控制和广域覆盖的支撑能力。

第二节

创新应用

当前，我国5G和工业互联网建设进程与其他主要国家齐头并进，正在积极探索"5G+工业互联网"融合应用，这既是顺应产业发展趋势的必然选择，也是我国把握新一代科技革命历史机遇的重要抓手。5G+工业互联网将推动制造业从传统的局部信息化向数字化、网络化、智能化全面加速转变，促进各生产要素之间的高效协

同，实现社会生产全要素、全产业链、全价值链的重构升级，助力实体经济数字化转型发展，同时也为5G落地应用开辟巨大空间。应用领域包括港口码头、智能工厂、生产车间、航空制造、工厂专网建设等领域，形成了良好的示范效应，为今后5G在工业互联网领域的应用发展铺就更广阔的前进之路。

一、港口贸易领域

据统计，占全球贸易总额2/3的货物将经过港口。近年来，港口吞吐量随全球经济增长逐年增加，给港口带来了新的挑战和压力，如人力成本攀升、劳动力资源短缺等。在连续11年位居全球港口货物吞吐量第一的浙江宁波舟山港，通过5G轮胎式龙门吊远程操控，作业人力成本降低50%以上，设备改造成本节约20%以上。在宁波舟山港的梅山港区，一艘艘巨轮满载货物行驶在航道上，工作人员通过电脑远程控制龙门吊、桥吊，24小时不间断抓箱、放箱，装载在无人驾驶集卡上的货物来往于堆场和码头之间，向着大陆深处、大洋彼岸重新出发。这些龙门吊基于移动5G SA独立组网进行远控作业，抓取集装箱精准高效，有效提升了港口的生产效率。

二、智能工厂领域

5G+智能工厂，主要是基于5G网络，在工厂内通过智能传感器和实时传输，实现车间的连接和自动化，改善制造流程，扩大制造业规模。以单个终端的数字化为起点，应用于工厂的生产线，如5G工业模组嵌入了自动导引运输车、工业数字传输、安防摄像头等终端，形成智慧仓储、远程控制、生产行为检测等一系列解决方案。然后，逐渐发展为全面互联的网络化厂区，5G赋能企业生产，在

5G+边缘计算、5G+柔性生产、5G+智能运营三个方向上，落地园区级边缘计算、生产线分析等多项生产应用，最终形成全面智能的未来工厂。5G三大特性可以支撑工业多业务发展需求，保障工厂内所有设备连入同一IoT网络上实现互通互联；对于工厂外网，可以实现生产系统和互联网的融合及企业专网与互联网的融合。运营商根据企业5G应用创新业务需求，提供5G+MEC（边缘计算）端到端整体解决方案，满足厂区大流量视频回传的需求。MEC是融合计算、存储和电信网络业务核心能力的开放平台，通过就近部署各类工业应用，满足制造业在数字化变革过程中对实时控制、人工智能、数据聚合与互操作、安全与隐私保护等方面的关键需求。

案例1：

合肥卷烟厂。中国电信基于MEC的5G烟盒质检场景，借助AI+MR（工业VR）、边缘计算等最新的前沿技术，打造基于5G的卷烟包装车间生产线。生产线上，有多个8K摄像头对生产线的烟盒进行不间断拍照，通过与正常烟盒比对挑选出瑕疵烟盒。数据则通过边缘计算服务器压缩后传输至本地私有云服务器，云端通过计算后返回结果，实时剔除瑕疵烟盒。此方案的优势在于，确保了用户数据不出园区，大幅降低了业务时延，提升了生产效率，目前已有至少两条智能生产线投入使用。此外，此方案还同步实现了MR设备质检、5G+VR直播参观、5G人脸识别测温等场景应用。下一步，5G技术将被用于合肥卷烟厂的AGV小车运输、烟丝水分控制等场景上。同时，结合合肥卷烟厂提出的5G智能巡检机器人的需求，跟随进度进行调测，利用停产时间对用户物流仓储进行5G勘察。

案例2：

安徽六安瀚海新材料智能工厂。将"端+5G+云+大数据"的整体解决方案设计运用到企业的生产与建设中，将ERP系统、MES系统、MDC系统运用其中。整个方案搭建出了一个集设备采集与监控、数据集成和共享、质量问题溯源、设备联动、降本增效、智能分析决策的5G+工业互联网平台，改变了以往各关键数据碎片化、无留存的状态，解决了订单生产过程不透明、产品质量问题无法溯源的问题。这一项目实现了人员精细化管理、设备状态可视化、工艺数据的实时采集、产品质量问题的快速溯源定位，打破了数据碎片及孤岛现象，使设备故障自动预警功能、支撑设备预测性维护、全面的能耗采集管理成为可能。

案例3：

安徽海螺集团"智慧上行"。中国电信安徽公司在5G工厂、智能制造、工业信息化等方面和海螺集团合作，积极推动数字化海螺转型。目前"超万辆水泥车实时定位管理调度""100方以上的多方视频会议""矿区现场无人机实时回传""矿车自动驾驶""矿区恶劣环境下的高清实时监控"等现代化的科技应用，正逐步成为推动海螺集团高效发展的重要因素。依托5G"超级上行"+边缘云服务，无人机航拍4K高清视频安全、高速、可靠地回传至AI图像识别系统，可实时精准地识别自动预警。这使得爆破警戒覆盖范围从原先500米扩大到2千米，原有2小时人力检查工作量，缩短到只需要半小时。同时，以视频监控云平台为例，利用中国电信云平台，海螺集团建成一套覆盖全国的视频监控云平台，对分散在各子公司3万余台不同厂家的前端摄像头等视频资源，实现统一调度、统一指挥。

案例4:

安徽省宝钢资源马钢矿业南山矿MEC无人驾驶。安徽省宝钢资源马钢矿业南山矿近日实现了下沉式5G MEC部署,两台露天矿坑5G无人驾驶矿车上线运行,实现冶金露天矿山多台矿车无人驾驶与有人驾驶混编运行。全程无需人工操作,解决了传统矿山工作人员的人身安全与身体健康问题,有效削减人力成本,提高生产效益。同时,此方案又解决了令矿山业主困扰的招工难问题,降低无人矿卡油耗,减少轮胎损耗,有效保护环境,减少资源浪费。为使无人驾驶矿车正常运行,园区实现了5G信号全覆盖,实现了数据不出园区,时延从50毫秒降低到10毫秒,保障了矿车作业安全性及效率。无人驾驶矿车搭载激光雷达、毫米波雷达和高清摄像头,精确识别周边环境,实现自动避障,卫星导航系统可提供厘米级的高精度定位和导航,确保车辆行驶精度在厘米级。为实现混编运行的高效有序性,此方案同步建设了5G智能调度系统、协同装载和卸载系统、应急接管系统,可实现矿车集群调度、协同作业、状态监控及数据分析、应急接管等功能。

案例5:

江苏南钢"JIT+C2M"智能工厂。2020年7月正式投产,以工业互联网为基础,打造5G+工业互联网的钢铁个性化定制智能工厂,自主实现对数控机床、六轴机器人、桁架机器人以及AGV小车等高端制造装备的端到端集成,通过5G+工业机器人协同作业,实现上下料分拣、视觉物料识别、热处理设备、抛丸、喷涂、自动打包、自动化立体库等工序智能协同，实现离散制造模式向流程制造模式转变，全面解决用户在产品个性化定制、轻量化、绿色环保、供应链稳定等方面的痛点问题，并实现了从耐磨替代品种到超级耐磨钢、高韧性耐磨钢的全系列覆盖。

案例6：

环新集团的5G智慧工厂。实现了生产线无人干预，数控机床自动工作，并通过移动5G实时上传工作状态，交由工业云平台统一分析管理，实现智能化生产，生产效率提升30%以上，生产能耗降低20%以上。

三、智能物流领域

5G+智能物流，实现了仓储智能化、设备自动化，解决了Wi-Fi信号不稳定、设备连接数量限制、路径规划难、定位不够精准、无法感知环境等问题。

案例1：

2018—2020年，杭叉集团联合中国电信、华为、浙江大学研发5G+视觉导航算法，将所有的自动化物流设备和软件整合到5G环境中，并应用于无人驾驶叉车（AGV），打造完整的"基于5G的智能物流整体解决方案"。借助中国电信5G大带宽、低时延的特点和部署在青山湖杭叉厂区的MEC边缘计算平台，结合浙江大学控制科学与工程学院团队的AI视觉识别、精准定位、实时精准操控等技术，新研发的5G+智能叉车可以通过高清摄像头实时监控货物，将多路高清视频（上行200Mbps）数据通过5G网络传输到MEC侧，实现了自动避障运行及不同尺寸货物、突发货物偏移（厘米级）和货物不规则摆放的自动装卸，大大降低原有场地的改造成本。依托电信天翼云，多厂区达成云边协同，云端大脑持续智能升级，再向下赋能，实现跨厂区、跨地区多车联动。

案例2：

2020年8月，中创智能携手中国联通为金杯电缆打造5G智慧工厂，积极开展5G技术与IoT的深度融合，共同打造衡阳首个"5G+装备智能化项目"，实现衡阳企业5G工业互联网应用场景落地，打造湖南省5G智慧工厂的标杆。工厂将结合5G网络及设备管理平台，对金杯电缆所有设备全生命周期进行管理，实现金杯电缆从制造向智造的升级，为企业真正实现降本增效，从战略上提升企业竞争力。通过对全厂所有车间5G全覆盖，结合金杯电缆的设备管理实际需求，进行设备管理系统的建设，实现电缆制造生产过程中所有生产设备以及各控制系统、管理系统广泛互联，通过网络+计算+平台+应用打造的设备管理平台，将提高对车间生产设备的管控能力，将设备的采购、运行情况、日常点检、保养、报修、维修、备品备件更换等纳入信息化系统管控，从而实现对设备全生命周期进行管理。

案例3：

2019年12月，中国移动终端公司发布中国移动数字化供应链公共服务平台（以下简称M-IoT平台），推出"出入库、运配、签收、冷链"四款数字化解决方案，升级数字仓库、透明在途、安全签收管理要求。平台从物流供应链的人、车、货、仓、场五要素入手，借助多种智能硬件，通过5G网络、NB-IoT窄带物联网，汇集过程信息，将传统的线下经验管理转变为实时、真实的数据流，并融入各个节点的管理场景中，最终为物流供应链上的各类用户提供定制化的透明、自动、智能的全新信息化解决方案，助力企业经营决策，有效降低运营成本，激活物流效能，使物流供应链成为新的价值增长点。中移物流已在全国布局14个中心仓、34个省仓，实现100%省会城市当日达，98%地级市次日达，95%县乡镇隔日达。服务品类覆盖手机终端、智能硬件、3C类产品、充值卡、办公物品等市场类及工程类的物资。2020年8月，由苏宁物流、江苏移动、中兴通讯、极智嘉、未来机器人、真机智能等联合发布了《5G智慧物流创新示范白皮书》，阐述了在仓储端，基于5G的泛在智能、端—边—云网络架构，推动物流仓储环节从货物入库、拣选、盘点、分拣和发货等操作实现物流仓储环境全面数据化、可视化和智慧化。2020年"618"期间，苏宁物流首个5G无人仓投产，在真实5G网络下，通过AI、IoT、人工智能等智能物流技术和产品融合应用，实现5G+AI仓储安防建设、AGV的云化调度等设备升级，加速物流数字化和智能化转型。

四、装备智能制造领域

制造业是实体经济的主体，是关系到我国经济高质量发展的重要战略领域。5G技术通过赋能制造业，将分布广泛、零散的人、机器和设备全部连接，使制造企业改变以往较为混乱的状态，构建统一的互联网络并产生新的生产模式，有力推动企业降本增效。在航空航天装备、军用武器平台、特种车辆、高铁、无人驾驶汽车等设备平台上，电子设备数量多，复杂程度高，将这些电子设备按一定的协议联网并加以有效地综合，使之实现综合系统内部的信息共享和系统综合化控制，催生了可以实现集信息采集、处理、分配、存储于一体的数据总线系统的产生。5G技术优化工厂制造流程，帮助制造业生产操作灵活化、高效化，提高安全性的同时降低生产成本。通过5G技术与自动化、人工智能、增强现实和物联网等先进技术相结合，"智能工厂"应运而生，让5G在制造业中实现成功落地。

案例1：

上海联通与上飞合作，将5G带入车间工厂，将C919大飞机复杂无比的系统工程化繁为简，200多万个零部件实现与人、机、车间和各控制系统、管理系统的广泛互联，运营成本降低20%以上，生产效率提高20%以上。在协同设计方面，基于5G的大带宽，建立远程异地协同设计，与机上实时验证系统，配合现场得到的真实模型，使工程人员通过AR等技术将设计叠加到零部件上，实现全机协同设计优化。在整机制造方面，利用5G+条形码、RFID等技术，实现工厂实时数据跟踪，通过大数据实时管控工厂生产状态，实现生产装配，应用AR技术将装配实物虚实叠加，提高生产效率。通过5G+AR实时传回发动机试验视频，有效提升排故效率和准确性。利用5G低时延特性，将传感器植入数控机后，能够实时采集机床运行时的数据，并立刻传到"云"端，再与数据模型进行不间断比对，实现精益化机体制造。维护运营方面，利用5G+AI复合材料缺陷检测、8K视觉检测等技术，在复合材料缺陷检测环节和飞机表面铆钉检测环节都降低了人力成本，同时提高了效率。智能物流方面，通过5G实现AGV运行过程中的信息同步，满足了飞机大型零件搬运场景，5G与RFID技术结合可实现货品的全流程长期追溯。

案例2：

2020年9月，中车唐山公司与河北移动签署"5G+智能制造"战略合作协议，双方将充分发挥行业优势，在"5G+智能制造"等领域全面深化战略合作，加快推进制造业智能化转型升级。

案例3：

由TCL在广东建立的5G智能示范园区的机芯智能工厂车间内，智能物流车将物料精准配送到各个生产环节，整个过程实现无人控制，在行驶过程中遇到阻碍能够主动变向。2020年3月，依托边缘计算，园区完成了AMR智能物流车的5G化改造以及智能物流车与企业内部系统的集成，实现全流程信息拉通可视，大幅减少信息盲区和线上物料积压。

五、产品质量检测

在制造业中，现有无线传输模式数据量、传输范围、可靠性限制较多，设备之间大部分通过线缆进行固定连接。5G网络通过无线传输、无线控制，改变了设备之间的依存关系和连接模式，实现不同生产要素间的高效协同，进一步助力部分生产制造环节"有线变无线"。5G在产品质量检测方面的应用见图8-1。

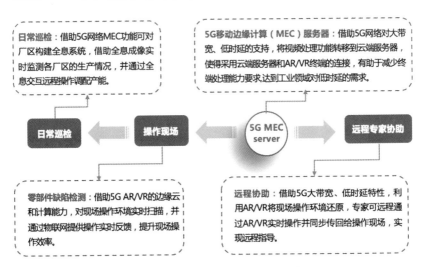

图 8-1　5G 在产品质量检测方面的应用

（资料来源：艾瑞研究院，赛迪智库整理，2020年8月）

案例1：

　　2019年5月，天津电力系统引入了热成像云台和一款4目8K超高清全景摄像机，安装在智能机器人巡逻车上，全天候对电路、电箱等电力设备进行监测，进而保障电网系统的安全，保证了人们的用电需求。此款8K超高清全景摄像机，采用4目单IP设计，实现4个镜头720°无缝拼接，提供小行星、水晶球、透视、自动巡航、360°全景等5种不同的预览模式，已广泛应用于智慧工地、机器人检修、无人机、景区景点、大型活动的5G直播等。

案例2：

奇瑞汽车的涂胶流水线，基于5G、人工智能、机器视觉与工业互联网融合，辅助协同工业制造设备实时质检，提高了生产效率及整体工厂安全检测能力，进一步丰富了智能化技术在汽车制造中的应用。长虹美菱通过5G+AI+边缘计算，实现了制造过程的视觉检测、自动化质检、协同制造等，打造了以5G+边缘计算专用内网为支撑的全链接智能工厂。瀚海新材料利用5G技术全面实时采集人员、设备、工艺等数据，实现了产品质量问题快速溯源定位、设备预测性维护及故障自动预警，大大提升了成品检测效率。

案例3：

广东湛江钢铁炼钢厂在生产过程中，利用5G网络进行多源数据采集、回传，及时掌握OG风机和除尘风机运行工况，并运用大数据分析技术进行在线监测和诊断，从而替代传统点检工作，助力检修负荷下降10%，点检项次替代比例为81%，风机突发性故障停机时间降低10%，极大地提高了风机运行效率。

2020年5G+工业互联网典型应用案例列举如表8-1所示。

表8-1 2020年5G+工业互联网典型应用案例

案例名称	实施单位	案例详情
青岛港5G智慧码头应用	中国联通、华为、爱立信、青岛港、振华重工	中国联通携手爱立信、青岛港和振华重工于青岛港新前湾自动化码头实现基于5G连接的自动岸桥吊车控制操作、抓取和运输集装箱,基于5G网络覆盖,在实际生产环境下实践操作远程吊车。该港口借助3.5GHz端到端的5G网络部署,岸桥吊车与远程控制中心之间的光纤连接替换为5G连接,证明了5G连接可以作为传统人工码头向自动化无人码头升级中的有效传输方案,节省了高达70%的人工成本
5G+MEC端边云协同创新应用	海尔智研院	由海尔工业智能研究院牵头,联合中国移动、华为等企业,基于5G确定性网络的原生云超分布式架构、动态智能网络切片和超性能异构MEC的技术内核提供"差异化+确定性"的网络服务能力,在位于黄岛中德园区的一家互联工厂开展5G工业场景探索,打造由5G等新一代信息技术赋能的智能化、数字化互联工厂,实现基于5G+MEC的端边云协同应用创新。 5G+MEC的部署可以有效推动企业IT/OT融合,带来更大带宽、低时延和高精度同步三大性能需求和多层级承载网络、灵活化连接调度、层次化网络切片、智能化协同管控、4G/5G混合承载以及低成本高速组网六大组网需求

续表

案例名称	实施单位	案例详情
5G民用航空智慧工厂	上海联通、中国商飞	目前，上海联通与上飞利用5G优势，结合私有云大存储、高计算能力，连接生产、销售、采购、服务各个环节，实现数据共享、敏捷互联、应用云化、智慧决策，将中国C919大飞机制造基地建成了一个集5G、云平台、大数据、人工智能、物联网等新兴技术于一身的"5G未来工厂"
5G边缘计算的数字工厂	浪潮、山东移动	浪潮携手山东移动，以浪潮智能工厂为试点，基于运营商5G网络的特性，结合浪潮边缘计算平台的能力，将浪潮产业园打造成"5G+智慧工厂"。在浪潮产业园内，建设基于5G边缘计算的智能工厂，利用5G的高速率、低时延、高可靠特性以及边缘计算平台能力，实现工厂智能化生产及运营管理，提高了自动化管理能力，提升了工厂运营效率，资源利用率提升约62.4%，产能提升9.8%，产品下线一次合格率提升0.8%，平均库龄减少1个月。同时自动化设备能够保障24小时稳定生产，节省人员投入成本，人员伤害等生产事故的发生概率降低，保障安全生产，成效显著
格力工厂MEC边缘云+5G SA专网项目	广东联通、华为、格力	广东联通联合华为根据格力生产制造环节对5G网络的诉求和智能制造业务场景的规划，制定了5G+MEC边缘云+SA切片专网总体方案，为格力提供了端到端切

案例名称	实施单位	案例详情
格力工厂MEC边缘云+5G SA专网项目	广东联通、华为、格力	片的企业专网。通过5G专网，实现了企业业务与公众用户业务物理隔离，确保了企业数据不出园区，保障生产数据安全，同时，结合承载网FlexE等技术实现了带宽资源独占和即用即有，为企业提供了更高速率、更大带宽、更低时延、更安全可靠的网络。同时还降低了企业建网成本和后期维护成本，实现了降本增效
中兴南京滨江工厂5G智能制造应用实践	中兴通讯	中兴通讯协同中国电信在中兴通讯南京滨江工厂，建设服务工厂及园区的5G网络，构建边缘计算MEC平台，提供5G企业虚拟专网服务，并基于园区数据中心搭建面向"互联网+"的协同制造云平台，推动5G技术与工业网络、工业软件、控制系统的融合，打造电子制造行业5G应用标杆。项目围绕智能工厂数字化产线、自动化测试及各类业务数据实时交换需求，建设面向工业应用的5G融合网络，支持典型行业高端装备的智能互联及装备运行状态数据的监测、信息传输、处理与分析，实现面向工业互联网+协同制造的5G虚拟企业专网建设
宝钢重载公路5G无人驾驶应用	宝钢股份、中国电信	宝钢运输部通过搭载上海电信5G信号的AGV（自动导引运输车）、无人仓库、无人码头，形成完整闭环实现"无人化"作业模式。其中无人驾驶重载框架车通过车内加载的5GCPE，进行实时高清视频回传，帮助运营中心对成品卷材的无人装载

续表

案例名称	实施单位	案例详情
宝钢重载公路5G无人驾驶应用	宝钢股份、中国电信	与运输进行集中指挥。宝钢股份上海宝山基地采用该无人驾驶重载框架车后，显著降低了运营成本，提升了物流运输效率，有效降低了人为因素造成的道路安全事故。由于采用了电信5G网络为无人驾驶重载框架车导航指挥，平均单卷作业时间为3.5分钟，大大低于人工作业时间，卷材装运的自动化效率大大提高
白云鄂博5G+智慧矿区项目	包钢集团、中国移动	中国移动内蒙古公司联合包钢集团、华为等合作伙伴，实现白云鄂博矿区矿车的无人驾驶和采矿设备的无人操作及矿山生产运营、调度的自动化管理，也是全国乃至全球基于5G网络条件下无人驾驶矿车的首个应用。其中，矿区的无人驾驶矿车拥有激光雷达、毫米波雷达、差分GPS定位、5G-V2X无线通信等多项先进技术，能够实现车辆远程操控、车路融合定位、精准停靠、自主避障等功能，有效提高特殊环境下的矿车作业效率，降低作业风险
5G三维扫描建模工业检测系统	杭汽轮集团、浙江中控新安化工、浙江移动	杭州汽轮机集团与浙江移动合作打造的5G三维扫描建模检测系统，通过激光扫描技术，可以精确快速获取物体表面三维数据并生成三维模型，通过5G网络实时将测量得到的海量数据传输到云端，由云端服务器快速处理比对，确定实体三维模型是否和原始理论模型保持一致，同时向工厂实时反馈结果。该系统可实现对精度检验要求极高的汽缸毛坯的快速扫描和

续表

案例名称	实施单位	案例详情
5G三维扫描建模工业检测系统	杭汽轮集团、浙江中控新安化工、浙江移动	检测比对。通过数字化的毛坯实物模型与理论数字模型的对比分析，在5G技术加持下的远程操控处理，能够快速准确获取毛坯偏差，提前判断工艺准备，降低坏件风险
5G弹簧机车间应用	喜临门、绍兴移动	在浙江喜临门家具股份有限公司总部的弹簧机车间内，数据中心通过5G信号下达生产指令，生产线上的弹簧机接收到指令信息后立即开始生产床垫弹簧。该应用在原有有线工业互联网的基础上，利用移动5G网络大连接、低延时的特性，部分试点完成绗缝机、弹簧机、粘胶机等新旧设备的无线联网和数据整合，实现工业设备与SCADA数据采集及监控系统之间高效率的互联互通，实时监测生产流程相关设备，采集生产管理数据，快速敏捷地控制设备，高速有效地防止工件堆积，杜绝生产过程中因控制信号中断而导致产线及设备的损坏，甚至可能引发的安全生产事故，这既能避免产生大批量不合格产品，又能确保企业安全高效生产，真正达到了服务生产、降本增效，助力企业制造业转型升级

　　资料来源：《工业互联网世界》《通信产业报》，赛迪智库整理，2020年8月。

第三节
发展特点

一、5G网络是基础，工业互联网平台是发展核心

网络、平台、安全是工业互联网的三大功能体系。以5G为代表的网络体系是基础，将工业制造全系统设备全流程、全产业链进行深度互联。平台体系是核心，在传统工业云平台的基础上，通过5G、物联网、大数据、人工智能等技术的应用，实现制造能力开放、各种连接管理和应用管理以及开发者集聚。安全体系是保障，可以识别和抵御安全威胁、化解各种安全风险。工业互联网平台本质是通过工业互联网网络采集海量工业数据，并提供数据存储、管理、展示、分析、建模及应用的开发环境，汇聚制造企业及第三方开发者，开发出覆盖产品全生命周期的业务及创新性应用，以提升资源配置效率，推动制造业的高质量发展。目前，工业互联网平台主要应用于设备管理、市场过程管控、企业运营管理、资源配置协同、产品研发设计及制造与工艺管理等。

二、5G赋能打造新型产业生态是工业互联网发展的关键

工业互联网新型产业生态包含了供给侧和需求侧相关企业，如信息通信技术企业、工业解决方案企业、工业应用企业和工业互联网平台企业等。信息通信技术企业作为工业互联网使能方推动生态供给侧，提供基于5G的数字化、网络化、智能化所必需的底层技术与产品。工业解决方案企业作为传统工业能力提升使能方，提供自动化工控产品、工业软件、智能装备、系统集成解决方案等产品和

服务。工业应用企业是工业互联网需求方与应用侧，以制造企业为代表，提供了广泛的应用场景和需求，是工业互联网产业发展的牵引力。基于5G的工业互联网平台企业是新型产业生态的关键载体，是工业互联网的核心，类似于工业中的操作系统，平台企业未来将作为工业需求侧与供给侧的关键节点，可支撑形成工业领域的开放协同生态。一方面对接工业需求侧与应用方，收集需求并为特定行业和场景提供多类解决方案与工业APP；另一方面汇聚大量开发者，沉淀工业模型、知识库等资源，推动应用创新。

第四节
发展展望

一、工业互联网跨领域标准加快协调统一步伐

工业互联网涉及多个行业、领域，覆盖设备厂商和型号繁多，目前仍面临着连接协议不统一、数据难以自由流动和充分应用、安全保障不充分等问题，采取跨界融合的方案打造工业互联网平台，将促进解决上述问题，助力让工业互联网成为制造业的一种标准服务。

二、工业互联网生态体系将进一步完善

随着工业互联网向纵深发展，工业互联网接下来的竞争在很大程度上是整个生态体系的竞争，工业互联网产业发展的关键是打造开放、包容的新型工业互联网产业生态圈。工业互联网新型产业生态是以5G赋能生态体系的工业互联网为驱动，面向新型工业制造体系和生产服务体系的构建，汇聚工业企业、信息通信企业、安全企业等各领域主体，形成的跨界合作、协同创新的新型产业生态体系。

第九章

5G+智慧交通

第一节
总体发展概况

5G将对智能交通产业在行业覆盖、产业转型、业务覆盖、视频采集提档升级、感知运用、防控能力等方面带来深刻变革：使能智能交通，从"专制专用"走向"和谐民生"；从"看见"走向"洞见、预见"；覆盖从"零散稀疏"走向"无处不在"，实现业务覆盖的全域化、自由化、简捷化；感知从"后知后觉"走向"通感联觉"，伴随着5G、感知控制技术、视频渲染技术、智能设施装备的成熟和应用，将使智能交通的业务形式更加自由。

第二节

创新应用

5G+智慧交通应用，包括路况监测、远程交通监控，智能辅助驾驶、无感支付、5G智慧高铁应用、5G切片应用智慧地铁、5G调度公交线路、5G路政车巡检等。借助人脸捕捉、联网自动识图、远程监测等技术，实现地铁站内安防效率提升20%；借助5G、人工智能、大数据等技术，实现公交排班时间从一周缩短至一天，公交运力提升10%；借助5G路政车和5G无人机智能巡逻，实现路桥隐患识别率提升65%。

一、路况监测

道路感知设备和交通控制设备信息采集，实现道路特殊事件的发现和交通管控。通过5G网络，结合边缘计算、视频监控等技术，实现快速、精确地监控数据，有效改善安防反应迟钝、监控效果差等问题；另外，使用机器人、5G等扩大监控范围，为安防部门提供更周全、多维的参考数据。基于该应用实现雄安新区"5G水陆空三位一体智能联防"方案，由无人机、无人船、无人车与智慧城市超脑平台联合协调，实现覆盖陆地、空中、水域的天地一体化安防能力；此外，实现上海老城区5G智慧安防，通过变焦云台跟踪系统和4K摄像头，采集超高清视频上传至边缘云智能应用平台，同时利用人工智能等技术实现监控视频结果分析。

案例1:

　　5G智慧公交解决方案，即利用5G网络及视频监控等设备，实现对公交车、出租车和城轨列车的调度和管理，对公交车、公交站、城轨列车和城轨车站的安防监控，整体可以提升公共交通系统运行效率、运行安全性、用户出行体验，推动公共汽车电车、城轨列车生产厂商及零部件供应商向智能化、网联化、数字化方向转型升级和发展。宇通在郑州郑东新区智慧岛的开放道路上试运行5G无人驾驶公交线路，提升了自动驾驶车辆车载系统与自动驾驶平台的数据交互，将响应时间从4G的平均50毫秒减少到10毫秒左右。试乘路段上有一系列的行驶场景，如巡线行驶、自主避障、路口同行、车路协同、自主换道、精准进站等。

案例2:

　　智慧铁路解决方案，即利用5G网络及视频监控、AR智能眼镜、铁路传感器等监控设备，实现对列车及集装箱货物的监控、调度和管理，对铁路线路、列车车站和客流的监控管理。

二、远程交通监控

　　专用车道无人驾驶和大带宽、低时延的远程视频监控实现了自动驾驶与远程驾驶之间的按需模式切换。深圳是电信在全国的首个5G SA（独立组网）城市，深圳交警与深圳电信创新运用5G SA网络和5G虚拟专网技术，构建5G交通专网，在确保信息安全的前提下，大幅度提升道路监控视频回传的效率。此外，相较于传统的视频传输方式，5G无线传输具有更易部署、更便利、更稳定的优势。

案例1：

2020年8月，重庆轨道交通"5G+智慧轨交联合创新实验室"正式成立，由重庆市轨道交通（集团）有限公司、中国移动通信集团重庆有限公司、中移（上海）信息通信科技有限公司、八维通科技有限公司合作共建，共同开展5G+智慧轨交方案研究、产品研发、项目运营、技术规范、标准建设及示范应用，推进以5G、大数据、人工智能等为代表的新型技术在重庆轨道交通上的应用和实践。

案例2：

南宁市交管部门利用5G网络，将南宁路况视频数据传输到就近的5G边缘云端服务器上，利用云端部署的视频违法事件自动化检测应用（视觉AI模型），完成原始交通视频流的汇聚和计算，快速输出交通违法结果，加快响应和处理速度，减少违法事件与逃逸的发生，提高道路智能管理能力，从源头上降低事故风险，减少拥堵。

三、智能辅助驾驶

基于C-V2X通信等采集路况环境信息，协助车辆高效智能驾驶。中国移动研究院发布的5G智能交通案例，包括了车联网与自动驾驶等。5G车联网与自动驾驶，可以提高道路交通安全性、行人安全性和道路运行效率，减少尾气污染和交通拥堵，政府管理部门可提高交通、运输、道路和环保的管理能力。运输企业可降低运营成本、提高运输效率，帮助汽车用户提高能源使用效率、降低汽车使用成本，提升乘车体验和出行效率等。

车联网与自动驾驶解决方案，即利用5G网络及车载摄像头、激光雷达、毫米波雷达、超声波雷达等车载传感设备，路侧摄像头、毫米波雷达等路侧传感设备，交通标志、交通信号灯等交通呈现设备，实现车载信息业务、车况状态诊断服务、车辆环境感知（前车透视、高精度地图等）、V2X网联辅助驾驶、远程驾驶、网联自动驾驶（含自动驾驶编队）和智慧交通管理等应用。

案例1：

上汽集团C-V2X智能出行。上汽集团利用C-V2X（4G和5G）网络，实现近距/超车告警、前车透视、十字路口预警、交通灯预警、行人预警、交叉路口碰撞避免提醒、十字路口车速引导、交通灯信息下发、绿波带、"最后一公里"等智能出行应用。

案例2：

长城汽车5G远程驾驶。长城汽车在雄安新区利用5G网络远程控制20千米以外的车辆，精准完成了起步、加速、刹车、转向等动作。测试人员通过车辆模拟控制器和5G网络，向长城试验车下发操作指令，网络时延能够保持在6毫秒以内，仅为现有4G网络的十分之一。

案例3:

江苏无锡C-V2X车联网先导区。由工信部支持，江苏省工信厅牵头，无锡市政府组织创建的江苏（无锡）车联网先导区，利用C-V2X网络，推进城市级示范应用，进一步丰富车联网应用场景，推动智能网联汽车测试基地建设，积极培育车联网产业集群，完善安全保障机制。

案例4:

广深港高铁5G智慧车站。广深港高铁利用5G网络建设"智慧车站"平台，实现智能引导、智能安检及智慧旅途等服务以及铁路生产安全作业管控、铁路集装箱货物调度管理、智慧车站建设及综合安防监控管理等应用。

案例5:

中国铁路西安局5G视频监控数据上传。中国铁路西安局利用5G网络、云计算实现列车视频等监控数据上传与存储，30GB的视频数据在3分钟左右全自动完成数据转储，较之前的转储效率提升了13倍。

四、无感支付

无感支付的施行主要分两个阶段：第一个阶段是Cloud ETC，取消人工收费站点；第二个阶段是基于电子车牌实现不停车收费。利用5G技术，将收费站业务系统部署在云端（或MEC），简化收费站的系统部署和维护，只保留传感器和栏杆机，当车辆运行到ETC道口，ETC识别信息上传云平台完成费率计算。

第三节
发展特点

一、创新技术助力创新应用快速发展

5G智慧交通主要基于MEC边缘计算、5G网络切片、智能RSU等创新技术，其中，MEC边缘云提供本地化、低时延的业务能力以及全局-边缘-路侧多级业务平台，助力构建高效智慧路网；5G网络切片技术构建安全隔离隧道，预留网络资源，保障智慧交通的高质量通信；RSU下行与车辆直连通信，上行可通过蜂窝网与云平台实现业务交互，是车与网之间的业务衔接桥梁，助力车路协同。

二、交通基础设施信息化构建智慧道路

交通基础设施集成雷达、视觉等多源感知系统，再依靠5G/V2X信息交互完成多种路侧交通设施信息实时采集回传，多种数据格式通过协议转换实现互通及统一处理，构建智慧交通基础。智能网联交通系统作为智能交通系统的终极发展形式，是物联网技术在交通运输领域的重要应用。其通过雷达、视频等先进的车、路感知设备对道路交通环境进行实时高精度感知，按照约定的通信协议和数据交互标准，实现车与车、车与路、车与人以及车与道路交通设施间的通信、信息交换以及控制指令执行，最终形成智能化交通管理控

制、智能化动态信息服务以及网联车辆自动驾驶的一体化智能网络系统。广义上，智能网联交通系统涵盖了智能网联汽车系统与智能网联道路系统，即智能网联车、车联网、主动道路管理系统、自动公路系统等均包含于智能网联交通系统。

第四节
发展展望

一、5G+智慧交通加快无人驾驶发展

无人驾驶在近几年极为受人瞩目，它其实就是一种人工智能汽车驾驶技术形态，利用车载传感器来感知车辆周围环境，并根据其感知所获得的道路、车辆位置和障碍物数据信息，控制管理车辆的转向和速度，从而使车辆能够安全、可靠地在道路上行驶。在不断增加的传感器阵列驱动下，无人驾驶汽车每天将产生4000GB数据，约12Mbps的4G LTE速度，50毫秒延迟，显然无法满足无人驾驶的连接及安全的自治系统需求。在实现5G无线网络技术后，其速度可以达到10Gbps和1毫秒的延迟，能够支持智能汽车的发展，提升我国汽车企业之间关系以及中国汽车和周边环境问题之间可靠沟通的水平，5G技术是无人驾驶车辆互联的关键促成器。此外，汽车内部的数字服务也得益于5G技术的实施，通过超低延迟处理大数据的能力，提高了乘客体验和移动收入。

二、5G+智慧交通促进车与路更加协同

5G+智慧交通涉及汽车流量的实时监控、实时传输路况、交通

管制等，能帮助城市改善拥堵问题。借助5G网络的大带宽、高可靠、低时延特性，可以实现实时、海量的交互沟通。5G通信的传输速率以Gb为单位，百倍于4G；支持每平方千米同时百万台设备的互联；时延仅为1毫秒，相当于4G的1/50。基于5G技术，智能网联汽车将实现车与车、车与人、车与路的信息实时交互，并将海量数据传到云端，通过云计算再传回到车辆。万物互联的5G将使人、车、路真正融为一体，让出行变得更智慧、更简单。

三、5G+智慧交通加快交通运输业发展

交通运输业与5G结合，将改变传统的运输方式，带来不一样的革新体验。随着计算机与通信技术的高速发展，物流行业也随之发生了翻天覆地的变化，大量前沿技术得以广泛运用，极大提高了物流的效率和安全质量。同时，随着5G移动网络的不断成熟和全面商用，人工智能、大数据、云计算、物联网、AR/VR等关键技术与物流全流程深度融合，将在现代物流行业的仓储、运输、配送等多个领域内得到广泛应用，以"5G+AI+物流"的新模式，全面促进传统物流向智慧物流转型。物流企业除负责普通货物运输外，还覆盖食品运输、医药冷链运输、危化品运输等领域，所以针对物流车辆的管理监控非常重要。通过在车辆上安装车载监控系统，实现车辆远程视频浏览、车辆地理位置记录跟踪，是当前的重要管理手段。但受限于当前的无线技术和网络能力，监管的范围、时效性、有效性都存在较大限制。

CHAPTER TEN

第十章

5G+远程医疗

第一节

总体发展概况

新冠肺炎疫情防控期间，5G远程会诊、5G远程手术、5G机器人查房等应用提高了诊疗效率，在抗疫中发挥了重要作用。在后疫情时期，5G+移动医疗依然是未来社会发展的主线，偏远地区的居民由于医疗条件欠缺，而无法享受到及时的救治；一线城市的三甲医院专家号紧缺，因而"一号难求"等。医疗是与社会生活息息相关的领域，却常常因为医疗资源紧缺而给生活留下遗憾。新冠肺炎疫情防控期间，5G在医疗领域的应用快速落地，不断创新医疗场景，成为疫情防控中强有力的"武器"。建设基于5G网络的智慧医疗服务体系，能够实现患者与医护人员、医疗机构、医疗设备间的互联互通和信息实时共享，促进医疗资源高效配置，是我国未来新一轮基建的重点方向。

　　通过5G网络，相隔千里的医生能够"面对面"讨论病情，一线城市的硬核专家可以为偏远地区的患者诊治，而这些场景正在全国发生。随着5G网络建设进程的加快，国内5G远程医疗发展按下"快进键"。目前，不仅北京、上海、广州、深圳等一线城市的三甲医院已经搭建了远程会诊平台，海口、长治等非一线城市也建立了远程会诊平台。5G远程会诊正成为5G智慧医疗的重要应用场景，也是信息通信业赋能医疗行业的重要应用。随着5G网络建设的深入发展，5G远程会诊将更加普遍，为人们的身体健康带来更多希望。

　　在新冠肺炎疫情中，5G远程医疗的应用更多的还是远程会诊，这些活动实际上在之前的4G网络或者传统的有线网络下都可以完成，只是过去受数据的传输速度限制，可能会影响会诊的效率。相对于之前的移动网络以及传统的有线网络，5G网络的可移动性突破了传统远程会诊的有线连接桎梏，其高速率让4K/8K医学影像得以及时共享，毫秒级延迟则让远程超声检查与远程手术的实施成为可能。正因为如此，业界普遍认为，5G是远程医疗发展的关键点，将成为远程医疗从蓝图变为现实的临门一脚。

第二节

创新应用

　　5G网络的超高速、高容量传输能力可以实现医疗场所内外大量设备的互联互通、医疗信息的实时共享，极大提高医疗工作效率，助力医疗资源脱离地域限制，新冠肺炎疫情也推动了医疗信息化、大数据、IT服务领域应用的发展。在2020年上半年的疫情防控中，移动互联网、大数据、云计算、人工智能等信息技术在疫情分析、医疗救治、防疫建设、生活服务等方面取得广泛的应用，如采用可穿戴或便携设备进行远程诊断、远程医疗监控等解决方案，这需要更快、更高效的网络传输速度处理大量数据，包括详细的患者信息、临床研究资料、高分辨率CT图像等。

一、远程会诊

新冠肺炎疫情中的多数远程医疗活动都是远程会诊。所谓远程会诊，就是通过网络传输医疗信息，再由远端的专家来对病人的病况进行诊断。在4G网络出现之前的远程会诊，主要是通过电子邮件、网站、信件、电话、传真等方式传递信息，实现远程诊断。4G网络状态下，医患双方可通过1080p高清视频进行交流，但网络状态不太稳定，与之前的信息技术条件下的远程会诊相比没有根本性的变化。5G网络状态下，传输质量大幅度提高，可支持4K高清音视频和AR/VR等新技术的应用。而建立在5G基础之上的远程超声、传感以及机器人技术，则使远程会诊上了一个大的台阶，在增加了可视度的同时，还减少了延迟风险，大大提高了远程诊断的准确性。

案例1：

2020年5月，三亚最偏远医院已开通5G远程诊疗系统，可定期线上义诊，三亚育才医院、崖城卫生院的5G网络建设和远程医疗设备部署，可实现5G远程诊疗、超声检测、应急救援和远程指挥等。通过5G远程诊疗平台，专家和病人面对面实时沟通，减少患者路途奔波，减轻医疗费用负担，避免疫情期间人员聚集、流动所产生的风险。

案例2：

2020年6月，深圳市人民医院、深圳市呼吸疾病研究所作为此次医防融合呼吸内科学项目组的牵头单位，以慢性阻塞性肺疾病等常见呼吸系统疾病的防治为切入点，联合中国电信集团公司深圳分公司共同建设了基于5G远程诊疗技术的新一代医疗服务系统。目前，共9家社康成为深圳市医防融合项目社康示范点。

案例3：

2020年5月，温州医科大学附属眼视光医院开通了5G智慧眼科云医院，以云门诊、云病房、云教学、云医院、云普查等为核心，探索实践了5G+智慧医疗。该院将多个专家的普通门诊室升级为可全国挂号的"云诊室"，同时，帮助四川省小金县人民医院、青海格尔木健桥医院等10多个合作医院建设远程门诊室。5G云门诊挂号系统正式启用后，远程门诊将进入医生门诊的正常排班系统，在全国范围内创新实现了"一对多"的诊疗指导与辐射。根据计划，温医大眼视光医院将在全国设立200个远程门诊网点。

案例4：

2020年8月，由湖北联通十堰分公司联合十堰市人民医院打造的5G远程会诊、查房和探视系统上线使用，包括了基于

5G+VR+AR 的会诊、查房和探视实际场景应用，促使十堰市人民医院先行探索与应用 5G 新技术，更好地提高临床诊疗实效。重症监护室 360° 全景视频传输：在 ICU、新生儿重症监护室（NICU）安装 VR 相机，通过 5G 传输实现超高清 8K 视频硬解码、360° 全景实时观看，让指挥中心及时了解病房动态，提高医护人员工作效率。AR 头戴式摄像机助力高效会诊：将 AR 头戴式摄像机技术运用于发热门诊隔离病房、重症病房远程会诊中，会诊专家无须到达现场，病区内医师穿戴 AR 眼镜设备，通过 5G 大带宽、低延时特性将病区实景和病人生命体征实时传输至会诊指挥中心或专家手机、电脑端。通过眼镜内置的"微屏幕"及"嵌入式麦克风"，病房里的医生与会诊专家可针对患者病情进行沟通交流，了解患者的检查检验结果、用药、术后恢复等情况并进行讨论及确定会诊结果。联通 5G+AR 的高清晰、全方位的视频画面实时传输，使会诊专家达到"见屏如面"的会诊效果，提高会诊质量。"云探视"让家属探视"身临其境"：基于联通 5G 网络和联通云视频平台，十堰市人民医院"云探视"系统实现了探访新模式。通过系统预约，将病房床旁 PAD 端与患者家属手机端绑定，在指定时间内家属们可通过手机进行"云探视"，解决现有实地探视的烦琐不便，缓解患者与家属长期分开引起的不良情绪；同时，有效避免家属到院交叉感染。"云探视"系统使就诊人员享受更加优质、高效的人性化医疗服务，有力筑牢特殊场所的疫情防控坚强防线，进一步提升市民群众满意度。同时，联通公司还协助医院运用 VR 全景摄像技术实现新生儿重症监护（NICU）探视，家长佩戴 VR 眼镜，可以实现身临其境的探视体验。

二、远程急救和远程手术

面对突发疾病，时间就是生命。在现有条件下，病人有时会出现在送医途中或者在偏远医院无法坚持到大医院的情况。在5G技术的支持下，不论是在救护车还是在偏远医院，都有可能实施远程急救。今后的5G救护车，可能就是一个移动的急救室。救护车内配备有支持5G网络的各种设备，医生可以远程及时对患者实施急救，也可远程指导随车医生实施急救。对于偏远地区的民众来说，通过5G网络，现场各类信息及当地手术室的影像资料可以适时呈现在远端专家的面前，当地医生在远端专家的指导下，可以完成之前无力完成的急救。在相关设备完备的条件下，由于5G网络的低时延性、高速性，远端医生可以确保看到当地手术室里最清晰的画面和手术动作的及时到位，医生甚至可以直接操控当地设备实施急救和手术。通过此方式，外科医生的"手臂"能够伸到千里以外，减少了分级诊疗差距以及患者的经济压力。早在2018年底，我国某医学专家采用5G网络，对机器人床旁系统实施了远程无线控制，为50千米之外的一只实验猪做了肝小叶切除手术，并取得了成功。

案例1：

5G技术有高速率、低功耗和低时延的特点，可以解决4G网络条件下远程手术传播实时性差、视野清晰度低、远程控制延迟等明显问题。医生可以通过高清音视频实时交互、操控信号双向传输、监测数据的实时共享等功能，实时看到病人手术的场景，掌握手术即时数据，实现手术的远程操作。如：中国人民解放军总医院通过5G网络连接，跨越近3000千米的距离，实施了帕金森病"脑起搏器"植入手术，完成了全国首例5G远程脑外科手术。

案例2:

超声诊断得到的是基于时间序列的动态影像，只一名患者就会产生最高达2GB的超声影像数据，而且这些动态影像对远距离传输的图像连贯性和时延控制有着极高的要求。5G技术的出现，解决了在远程超声检测过程中由于网络技术的局限性而对影像数据传输的稳定性和实时性无法满足的问题，实现远程超声检查。如：5G超声系统在上海市第十人民医院投入临床验证，能无延迟、无卡顿将超声影像数据传输到位。

案例3:

5G技术的发展和应用能够有效提升急救指挥中心计算机网络通信指挥系统的网络能力，保证联络、协调、指挥、调度、传达环节在急救工作中顺利开展，使院前急救和院内急救工作能够紧密衔接，完善急救体系。5G技术使高清晰度视频通信的救护车成为现实，院内完成的医疗监测和数据采集环节都能在新型救护车上完成，并传输回急救中心，缩短诊断时间，提升急救水平。5G技术应用于急救的实践已经开展，如中国北京世界园艺博览会5G急救医疗系统应用、上海首辆5G救护车投入使用等。

三、移动查房

新冠肺炎疫情中，在5G网络支持下，完全可以实施移动查房，减少医护人员与患者面对面的交流。医生、护士甚至可以利用机器人或自动移动推车实施日常的护理或治疗。在此次疫情中，武汉火神山医院送餐机器人、5G小推车已经开始投入使用。当然，这些机器人、小推车只是借助5G网络，实施的还是一些初级阶段的相关工作，但随着技术的进步，未来针对传染性比较强的疾病，完全可以实现远程查房和远程护理。

四、远程健康监护

在一些发达国家的社区卫生服务中心，便携式可穿戴监测器已获得了较为普遍的运用，其能够给予家庭成员合理的指导，开展有效的医疗保健工作。但是，在移动网络不成熟的状态下，这些便携式可穿戴监测器的数据传输速度和效果不能满足高精度的信息传输。例如，对心脏起搏器的监测需要及时地反应，网络质量非常重要。采用5G网络与穿戴设备的监测系统，能够给患者提供良好的保健支撑，监控好患者的饮食、用药等状况，并以5G技术建立起预警模块，达到及时诊断和医疗管理的效果。

五、移动医护

移动医护产品基于5G、物联网和云网融合技术，以移动护理、移动查房、移动输液、护理质控四个软件系统为核心，以移动终端和移动医疗车为载体，为院内医护人员提供移动化医护协同、移动办公、医疗差错管控的"云、管、端"软硬件一体化服务。2019年7月，中国电信助力上海仁济医院实现5G智慧医疗机器人解决方案应用。大带宽视频交互层面，5G下行速率达千兆级，移动机器人接受任务指令等信息更加高效快捷，医学服务机器人通过5G通道实现与病人的视频交互；室内定位及位置管理层面，结合5G室内分布，为机器人提供精确的室内定位，与机器人激光雷达形成有效补充；5G MEC边缘计算探索层面，依托高效能网络转移运算需求到云端，减轻依托于机器人本体的离线分析和运算压力，降低机器人的体积、重量、功耗、成本及价格等。

> **案例：**
>
> 　　德易电子5G+远程智慧医疗系统，实现了低延时外科远程手术机器人操控及手术信息交互指导。在应对新冠肺炎疫情中，该系统为专家跨区域实时指导隔离病房诊疗操作，及时救治更多重症患者提供了有力支撑。

六、远程医疗示教

　　医学继续教育主要分为会议讲座、病例讨论、技术操作示教、培训研讨、论文与成果发表等形式，可线下组织也可线上远程进行。远程医学教育培训主要包括：基于音视频会议系统的教学平台、基于使用场景的教学平台和基于VR/AR设备的教学平台三类产品形态。依托5G网络边缘计算的高效运算能力，远程示教可与高清4K、VR/AR/MR等技术结合，上下级医生能够更全面、更清晰地进行示教与讨论，有效提升远程指导效率，缩短基层医生的成长周期。5G网络手术示教相比传统技术具有高速率、大连接、低延时的特点，使得网络传输延迟降到了毫秒级。通过5G网络，超高清的视频实时传输以及患者术野图像和电子病历信息的无损传输，可以让学习者更加全面地了解示教内容，对细节看得更清楚，对内容掌握得更加精细，有效提高了医疗示教作用。

> **案例：**
>
> 　　郑州大学第一附属医院已实现院区5G网络的全覆盖，建成了实现院内、院间、院外三大应用场景连片覆盖的5G医疗实验

网，协助鄢陵、舞钢等多地5G智慧医院建设，并在信阳光山开通了5G远程医疗农村试点，使得院内用户平均时延8毫秒，省内跨区用户平均时延14毫秒，能更好地满足各种医疗场景的网络个性化需求。依托该5G医疗实验网，已经落户郑州大学第一附属医院的国家远程医疗中心，每天能够开展多学科综合会诊80～160例，包括影像、病理分析和综合会诊都已实现常态化，每年可以开展远程综合会诊达4万多例，远程病理、心电和影像等专科诊断50万例，远程继续教育培训300多次，培训医务人员40多万人次。

表10-1列举了新冠肺炎疫情期间5G在医疗领域的应用情况。

表10-1　新冠肺炎疫情期间5G在医疗领域的应用情况

类别	医院	应用内容
5G远程诊疗	火神山医院	武汉火神山医院搭建远程会诊平台，同时通过5G高清画面，实时传达病例和患者情况，支持多地的医疗专家进行视频诊断
	武汉市黄陂体育馆方舱医院	浙江省人民医院医疗专家利用5G技术远程控制超声机器人为患者进行超声检查，通过5G网络实现远程控制超声机器人进行实时操作，同步显示检查图像，并指导现场医护人员进行远程诊疗
5G智能机器人	上海市第六人民医院	疫情期间运用5G云端医护助理机器人、5G云端消毒清洁机器人、5G云端送药服务机器人和5G测温巡查机器人帮助医护人员执行导诊、消毒、清洁和送药等工作，有效减少人员交叉感染，提升病区隔离管控水平
	重庆市大渡口区九宫庙农贸市场	5G智能疫情防控巡逻机器人能够对监测范围内的人群实施快速测温和告警，可同时测量5米范围内10个人的体温，当体温高于37.3℃时会自动发出告警声，且能识别经过的人是否戴口罩

续表

类别	医院	应用内容
5G智慧救护车	汕头大学医学院附属肿瘤医院	进行5G+院前急救，可实现在120救护现场及途中，实时传输给医院连续、稳定、高清的患者生命体征及视频影像资料，实现远程诊断
	重庆重钢总医院	实现多路高清实况视频的同步回传，将急救病人的医学影像、病人体征、病情记录等信息无损同步回传至医院急救中心，便于急诊科医生给予专业指导，同时快速制定抢救方案或术前准备

资料来源：赛迪智库整理，2020年4月。

第三节

发展特点

新冠肺炎疫情成为5G技术进入医疗行业应用的重要转折点。2020年1月31日，华为联手中国电信在湖北协和医院将5G远程会诊平台投入使用，此后，5G远程医疗在北京、天津、济南、昆明等城市的医疗机构中也得到广泛应用。5G远程医疗的应用，不仅避免了医生与病人直接接触所引起的感染风险，还缓解了一线医护人员调配紧张和超负荷工作的痛点，为阻击疫情做出了重要贡献。预计经过此次疫情，5G远程医疗应用将加速渗透，推动医疗水平迈上新台阶。

一、5G远程医疗为医疗行业数字化转型提供新手段

远程医疗对网络的需求主要包括大带宽与低时延两个方面。基于5G的增强型移动超高带宽特性，医院未来可用于高清医学影像的

传输与高清视频的交互，进行远程会诊、日常监护、VR医学教学、AR诊疗、远程超声等；基于5G超低时延的特性，医院未来可远程操控医用机械手臂或医学机器人等设备，进行远程机器人手术。5G远程医疗能够有效打破空间限制，让群众少跑腿，让数据多跑路，提升医疗效率和推动医疗资源的共享下沉，助力医疗行业信息化的快速发展。

二、5G智慧医疗将逐步改变医疗的运行模式

运营商与医院合作，双方将发挥各自优势，在5G智能机器人、5G应急救援、5G AR/VR探视、5G远程会诊、5G远程手术、智慧病房、互联网医院、大数据分析、5G应急救援及医院数字化服务等多个领域深入合作，共同拓展数字创新技术，走向智慧医院，能够推动5G应用领域与医疗行业领域的融合发展。例如，医生可以通过远程医疗平台在屏幕上清楚地看到异地患者的真实情况，为千里之外的患者精准实施在线就诊、检查、诊断和手术，解决患者异地就医难的烦恼，带给患者的是全新的医疗体验和服务。

三、软硬基础设施融合支撑5G智慧医疗服务体系

5G智慧医疗是依托5G移动通信技术与大数据、互联网+、人工智能、区块链、超高清等前沿技术融合，可实现辅助诊疗、健康管理、远程医疗等新型应用，有效促进优质医疗资源下沉，提高医疗服务效能。5G智慧医疗服务体系由大量软硬件组成，在终端层、网络层、平台层、应用层发挥作用，见表10-2。硬件方面，主要包括互联网终端、智能医疗终端、5G基站、数据中心工作站等，为系统和用户提供数据存储、终端计算、网络连接等服务。软件方面，主要包括终端APP、人工智能平台、大数据中心、云平台等，为系统

和用户提供产品应用、数据分析、云端计算等服务。目前，武汉、成都、杭州、上海、北京等城市已逐步建设完善5G智慧医疗服务体系。

表10-2　5G智慧医疗服务体系

架构	硬件	软件
终端层	PC/TV终端、智能手机终端、智能健康穿戴设备、VR/AR、医学影像显示设备、手术机器人、体外诊疗设备等	终端配套的手机及电视APP、电脑及设备应用软件等
网络层	5G基站、5G无线网、5G承载网等	SDN、NFV、网络传输协议等
平台层	工作站、服务器、存储器等	医疗云平台、图像数据处理人工智能平台、医疗大数据计算中心、中控平台等
应用层	智能导诊、辅助诊疗、健康管理，远程手术、远程诊疗、远程会诊、远程急救等远程医疗	

资料来源：赛迪智库整理，2020年8月。

四、5G医疗专网建设是推动医疗智慧化转型的重点

5G医疗专网包括医院内部网络、远程医疗专网、应急救治网络等，可应用于医院院内、院间、院外三大场景，满足了智慧医疗服务对网络的高安全、高可靠、高速率等要求，同时也能够实现临时突发需求和长时间占用等功能，是保障5G在医疗领域创新应用的重要基础设施，见表10-3。5G医疗专网是通过搭建5G端到端专享通道/优享通道，实现医疗业务在5G广域网中带宽资源硬隔离，保障网络服务的安全性、可靠性。目前，建设5G医疗专网已成为各地完善智慧医疗服务体系的重点方向，郑州大学第一附属医院、四川大学华西第二医院、苏州市第五人民医院等医院已实现部署。

表10-3　不同医疗场景下对5G网络的要求

专网应用场景	应用	网络要求
医院内	无线监护、无线输液、移动护理、患者实时位置采集与监测、智能医疗机器人等	带宽需求量大、安全和可靠性要求高
医院间	远程实时会诊、无线手术示教、远程超声、无线专科诊断等	单条业务网络带宽要求高，网络时延要低于10毫秒，需要采用专用管道进行资源隔离
医院外	智能救护车、无人机远程急救、联防联控等	移动性强，业务随机，带宽需求量大，时延低

资料来源：赛迪智库整理，2020年8月。

第四节
发展展望

一、5G远程医疗技术成熟度将进一步提升

目前，5G技术标准仍处在由Rel-16版本向Rel-17版本转化的过渡阶段，Rel-17版本尚未完成，5G网络仍需进一步发展才能达到远程医疗所需的高性能指标。在新冠肺炎疫情中，5G远程医疗应用主要以远程会诊、日常监护、远程医学教学等eMBB（增强移动宽带）场景为主，对远程手术应用等uRLLC（超高可靠低时延）场景尚不能满足。

二、5G网络基础设施普及率将进一步提高

全范围覆盖、不中断的5G网络信号是5G远程医疗的基础保障。

目前，由于5G网络建设成本高，覆盖面积也相当有限，运营商仅在大城市和发达地区实施部署，小城市、城市郊区及农村医疗机构要实现5G网络无缝覆盖，尚需建设时间。由于5G网络基础设施普及率低，在新冠肺炎疫情中，5G远程医疗应用主要集中在大城市的医疗机构，小城市、城市郊区及农村医疗机构尚不具备应用条件。未来应进一步提升5G网络基础设施的普及程度，助力实现远程医疗资源下沉和服务均等化。

三、5G远程医疗解决方案将进一步完善

由于涉及生命安全，目前5G远程医疗应用以试点探索为主，多为应用场景初期的先导性尝试和辅助医疗，仍需通过大量、深入、广泛的实践案例来推动解决方案的完善、成熟和推广。在医院管理和医疗服务、个人健康管理、社区医疗服务、远程医疗和健康养老等场景中将培育出更多新模式、新业态。随着新型基础设施建设力度持续加大，5G智慧医疗应用基础将更加坚实，将进一步促进5G智慧医疗服务理念的宣传和普及力度，促进相关产品与服务的大规模应用，推动5G远程医疗解决方案的典型应用示范推广。

第十一章

5G+智慧教育

第一节

总体发展概况

随着新一代信息技术的迭代加快，大型开放式网络课程（如MOOC）、小型限制性在线课程（SPOC）等教学方式已得到广泛应用，智能教学系统、计算机辅助教学系统也迅速发展。受新冠肺炎疫情影响，中小学延期开学、线下培训关闭以及教育部"停课不停学"的通知迅速催化在线教育接受度，引爆需求热潮，并在一定程度上培养了用户习惯，使互联网教育行业全面提速。未来随着5G基础设施搭建完成，凭借5G Gbps级别的高速率、5～30毫秒级别的低时延以及超大规模连接的技术优势，5G将支撑众多教学方法创新，助力构建智慧教育新生态，成为推动教育信息化的新动能。5G智慧教育应用框架见图11-1。

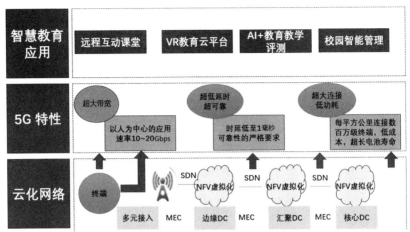

图 11-1　5G 智慧教育应用框架

（资料来源：赛迪智库整理，2020 年 8 月）

第二节

创新应用

一、5G+虚拟现实教育

虚拟现实教育作为5G+智慧教育的主战场，VR/AR 与教育结合呈现出全新的教学体验，可极大地提升学生的学习兴趣及对知识的快速吸收，为师生提供互动化、个性化、沉浸式课堂教学体验，提供沉浸式空间实现多人同步设计，降低设计复杂度，提高设计效率，实现虚拟装配、虚拟培训、虚拟展厅等场景，720°全景的展示让人身临其境。云 VR 在教育领域中的应用主要涉及 K12 教育和职业/高等教育两个细分领域，其中在 K12 教育中的应用主要是视频教学类的场景，属于弱交互 VR，在职业/高等教育中的应用既包括视频教学类应用，又包括实操类的强交互VR应用。基于5G的云VR传输方案，能保障视频教学类应用的良好体验，基于5G MEC的云VR解决方案才能为实操类应用提供更好的体验。目前，VR在教育中的应用，以建立专用VR教室的形式在各院校中推广。

2018年，我国小、初、高学校共有22.8万所，按照40人的专用VR教室配置，该市场达到了912万的用户规模。2018年，我国职业及高等学校共有1.3万所，按照100人的VR实验室配置，该市场达到了130万的用户规模。在内容方面，K12教育的VR课件开发难度低，职业、高等教育实操类的VR应用，专业性强，开发难度较高。因此，在教育应用场景中，K12教育及职业、高等教育中视频直播教学等视频教学类应用场景的体验易保障，且内容开发难度低，发展速度快。

1.虚拟现实+课堂教学

在教育场景中，虚拟现实技术可通过自然的交互方式，将抽象的学习内容可视化、形象化，为学生提供传统教材无法实现的沉浸式学习体验，提升学生获取知识的主动性，实现更高的知识保留度。根据不同的学科，虚拟现实发挥着不同的作用，主要有立体物体的展示、立体空间的展示、展品的介绍、虚拟空间的营造与构建、虚拟场景的构造等方面的应用。

案例：

2020年7月，浙江师范大学的老师到桐庐县莪山民族小学科普新冠病毒知识，孩子们戴上VR眼镜，通过5G信号在全景视频中"游历"，进入沉浸式学习，通过"5G+VR"的虚拟现实技术，能够学习病毒的介绍、传播方式和途径、对身体的伤害、防护措施等几方面的内容，体验了多种类、多形式的学习场景，摆脱枯燥乏味的学习模式，让课堂氛围更加活跃，同时也提升了学生的学习兴趣。

2. 虚拟现实+科学实验

一般学校在现有的条件下，有许多实验是根本不可能做的，如核反应实验，还有些实验是不能让学生做的，如涉及放射性物质或有毒物质的部分。利用虚拟现实技术，可以有效地解决实验条件与实验效果之间的矛盾。在教学中，许多昂贵的实验、培训器材，由于受价格的限制而无法普及。如果利用虚拟现实技术，在多媒体计算机上建立虚拟实验室，学习者便可以走进这个虚拟实验室，身临其境般地操作虚拟仪器，操作结果可以通过仪表显示身体的感受来展现并反馈给学生，从而判断操作是否正确。这种实验既不消耗器材，也不受场地等外界条件的限制，可重复操作，直至得出满意结果。VR实验室的一大优点还在于其绝对的安全性，不会因操作失误而造成人身事故。

案例1：

HTC威爱教育联合北京航空航天大学率先将5G和VR技术应用到工业设计和制造领域。工业建模超越真实，支持实时渲染一亿面多边形，打造先进制造业5G云VR公共服务平台实验室。联合国内权威教学/科研机构深度参与打造VR智慧教育内容制作基地，开发覆盖科学教育、艺术教育、生命拯救、卫生防疫等方面的课程。

案例2：

江西科骏5G+VR实践虚拟仿真实验教学项目，将5G、VR现代信息技术融入高校各专业实验教学项目，拓展实验教学内容的广度和深度，延伸实验教学的时间和空间。例如，清华大学美术学院数字媒体艺术虚拟现实实验室、国防科技大学虚拟风洞仿真实验教学项目、华东交通大学轨道交通虚拟仿真实验教学项目等。

3. 虚拟现实+远程教学

在远程教学中，往往会因为实验设备、实验场地、教学经费等方面的问题，而使一些应该开设的教学实验和课程无法进行。利用虚拟现实技术，可以弥补这些方面的不足，学生足不出户便可以做各种各样的实验，获得与真实实验一样的体会，从而丰富感性认识，加深对教学内容的理解。

案例：

中国电信天翼云VR基于电信5G和天翼云VR平台能力，为教育客户专项提供的VR终端+内容+应用端到端服务，在华中科技大学等学校落地3D实训智慧教室、VR心理健康开放教室、沉浸式职业场景体验。

4. 虚拟现实+科技研究

科技研究与实验观测注重让用户观察到更多、更精确的有效数据以供后续分析或使用。因此，这种应用重在以高度拟真的方式，将一些难以观测的现象放到虚拟世界中，让用户以更为舒适便捷的视角或时间测度进行观测，相应地也要由系统给出真实实验中应当观测到的数据。利用VR系统重建某次天体碰撞的场面及数据分析，这种应用对硬件设备的要求不高，主要还是对计算机系统的运算能力有较高要求。

5.虚拟现实＋仿真校园

教育部在一系列相关的文件中，多次谈及虚拟校园，阐明了虚拟校园的地位和作用。虚拟校园也是虚拟现实技术在教育培训中最早的具体应用，由浅至深已有三个应用层面，分别适应学校不同程度的需求：①简单地虚拟校园环境供游客浏览；②基于教学、教务、校园生活，功能相对完整的三维可视化虚拟校园；③以学员为中心，加入一系列人性化的功能，以虚拟现实技术作为远程教育基础平台。

案例：

2020年9月，湖南铁道职业技术学院与中国电信湖南分公司联合开展校企合作，成立"5G联合实验室"，经过双方专家为期6个多月的攻关试点，完成了省内首个轨道交通5G+VR/AR实训云平台的建设。该平台依托于5G通信网络、云计算、大数据、人工智能（AI）与虚拟/增强现实（VR/AR）技术，提升了传统实训教学的效率，为培育新型技术人才，实现人才强国的第一战略提供了推动力。老师佩戴AR眼镜，手把手讲解操作，音视频画面实时传送至学员端。学生通过标记、文字、语音及推送图纸、文档、视频等方式，与企业专家进行实时互动。教学过程犹如身临其境，直观清晰。这样的教学无疑更有趣、更高效、更实用，让学生突破时间和空间的限制，直接在学校就可以完成与真实企业现场一样的学习和实训，极大提高了职业院校实训效率，节约了教学成本。

二、5G+远程互动教学

远程互动教学作为5G+智慧教育的"最后一公里"的关键环节，以学生为中心的多种形式的互动教学，能更好地激发学生学习兴趣，提升教学质量，促进有质量的教育目标的实现。主要包括互动课堂、名师讲堂、在线学习、全景课堂、AR/VR虚拟实验等。

1.互动课堂

实时双向音视频互动教学，支持数据与内容的多媒体交互。5G技术促进了高清视频、VR/AR/MR的技术升级，实现了课堂实时互动的低时延直播、虚拟名师、教师助手等功能，为居家学习与教学内容高度定制化提供了可能，通过5G的直播可以实现4K/8K超高清、低时延的课堂实时互动。互动教学引入全景视频，全景摄像头可架设在主讲教室，通过5G网络覆盖。可通过大屏、VR一体机观看全景直播，VR一体机视角投屏到大电视。

> **案例：**
>
> 　　2019年2月，中国联通联合华中师范大学第一附属中学在武汉、福州两地通过"5G+全息投影"技术完成了一堂生动的光电远程教学示范课，开启了5G+全息教育应用。通过互联网进行学习，包括微课、MOOC、翻转课堂等多种创新的学习模式。应用3D、AR、VR、全息等现代化计算机图形图像技术，建设虚拟交互体验实验室。

2.远程教师评测

对教师进行评测可通过5G+远程互动的方式进行，评测教师通过5G网络远程观看老师授课。功能：多点远程互动教学，教学场景

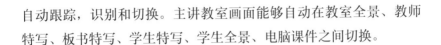

自动跟踪，识别和切换。主讲教室画面能够自动在教室全景、教师特写、板书特写、学生特写、学生全景、电脑课件之间切换。

三、5G+人工智能教育

人工智能智慧教学系统作为智慧教育的大脑，基于大数据和人工智能，对课堂、学习、运动和教学等行为进行智能分析和可视管理，能更好地指导和促进智慧教学。

1.课堂情感识别与分析

人工智能智慧教学系统通过摄像头收集视频数据，通过人工智能技术统计课堂情感占比，识别情感典型学生，分析学生情感变化，将统计后的数据通过可视化的形式形象地展示出来，课堂中学生的情感变化一目了然，老师可以看出自己授课内容对学生的吸引力，并且关注到每个学生的学习状态，从而调整教学进度和授课方式，提高教学实效。

2.课堂行为识别与分析

人体行为识别技术可以通过检测教室中布有的摄像头收集上来的视频中头、颈、肩、肘、手、臀、膝、脚等多处人体骨骼关键点的组合和移动，识别学生上课举手、站立、侧身、趴桌、端正等多种课堂行为。根据反馈的数据对课堂中学生的学习专注度和活跃度进行分析，最终帮助老师了解课堂的关键活跃环节、学生的活跃区域分布等信息，统计课堂行为占比、分析课堂行为趋势，通过行为分析学生的学习态度，帮助学校进行更细致的教学评估和更合理的教学管理工作。

3.课堂互动识别与分析

人工智能智慧教学系统通过语音识别，收集课堂中师生互动的数据，将学生的发言及老师的授课内容通过文本的形式记录下来，并通过文本技术，将非结构化的数据转化为结构化的数据，提取互动的关键词语，通过课堂气氛的改变自动为这些词语进行标记，提取出有助于课堂氛围的正面词汇。同时，也可针对不同学生的互动情况提取对学生学习积极性有调动作用的正面词汇，帮助教师及家长，提高教学互动效果，提升学生学习效率。

4.课堂活跃度

通过教室中的摄像头收集上课数据，同时人工智能智慧教学系统在后台分析上课的情况，当后台程序发现课堂上气氛较为活跃，或者气氛较为沉闷时，就会将此时间段的视频提取出来，当老师下课回到办公室时，可观看这些视频，分析原因。

5.课堂专注度

通过教室中的摄像头收集上课数据，同时人工智能智慧教学系统在后台分析上课的情况，当后台程序发现课堂上学生专注度较高，学生上课效果较好，或者此时学生专注度较差，就会将这些时间段内的视频提取出来，当老师下课回到办公室时，可观看这些视频，分析自己的教学情况。

6.课堂考勤

通过人工智能技术，对出席课堂的学生进行面部识别，统计课堂的出勤率、识别出勤的学生，有效地代替了传统的点名方式进行考勤，节省了老师上课的时间，同时也提高了学生的出勤率。

7.学业诊断

依托人工智能技术，基于伴随式数据的采集与动态评价分析，通过线上线下相结合的测试手段，针对每一位同学输出评测结果、学业报告和个性化的智能提升计划。针对每一位同学的不同需求，

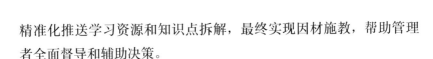

精准化推送学习资源和知识点拆解，最终实现因材施教，帮助管理者全面督导和辅助决策。

8.多维度教学报告和个人成长档案

针对不同用户群体（例如主管、校长、教师、家长、学生等）输出多维度、多层次的报告，并为适应不同区域的要求，提供高覆盖、货架式灵活可定制的数据分析维度，从而满足国内各区域、各类型、各用户的分析需求。同时通过分析历史数据，针对每一位学生，形成其个性化的个人成长档案。

9.新高考下智能排课

通过人工智能技术找出全局最优的排课组合，实现传统排课和分层走班排课的整合。另外，还可结合学生的历史成绩、评价数据、兴趣爱好、职业生涯规划等信息和教师的教学质量评价数据，基于深度神经网络算法，实现智能排课推荐。

四、5G+校园智能管理

校园智能管理系统作为智慧教育的服务平台，提供面向学校、教师、学生和家长的智慧管理服务，提供交流平台和教学空间。

1.视频监控

通过学校侧云平台将监控数据于本地存储分发，有效提升业务质量，保证视频的私密性。搭载AI的视频分析模块部署在边缘服务器上，面向智能安防、视频监控、人脸识别、行为分析等业务场景，利用5G网络低时延特性，提高应急事件的反应速度。

2.校舍安全（门禁管理）

校园智能管理系统可以和门禁系统进行对接，通过平台实现对门禁系统的统一、远程、精准管理。配合电源管理系统，何时、何地、何人使用房间或房间内的设备设施尽在掌握。结合宿舍门禁，又可掌握学生归寝的实时动态，提升宿舍科学管理水平。

3.室内照明管理

系统根据室内光照情况进行光照色温调节，维持健康光照，使室内平均照度恒定、均匀，有利于保护师生视力，为学生提供健康舒适的学习环境。针对不同的教学情况，可设置多种不同的光照模式（如读写、视频播放、休息等），并且可接入后台大数据平台，支持多种系统，实现多种功能，有效延长公共设备的使用寿命，维护便捷，节省维护成本。

4.室内外环境监测

依托监控平台，利用相关环境监测传感器、风向风速仪等实时监控检测到室外空气中包括NO、NO_2、SO_2、CO、过敏性花粉、PM2.5、PM10等几十种空气污染物及可能的扩散方向，同时实现报警以及设备联动，保障师生身体健康。

5.校内水体监测

学校内景观水体多数为缓流水体，容易富营养化，引起藻类及其他浮游生物迅速繁殖，水体溶解氧量下降，水质恶化，鱼类及其他生物大量死亡，进而散发恶臭，影响校内环境和师生身体健康。在以往技术条件下，通过固网连接多个水质监测传感器线路复杂，连接成本高，4G网络接入密度低，无法支撑大量的传感器；而通过5G网络结合传感器，将完美解决这些，实现对校园水体进行远程监控与管理。

6.能耗监控

通过安装布置智能断路器、智能插座、智能电表、智能水表等设备，实现对用电的精准管控，准确获取每个用电端口的数据信息，并可实现远程送/断电控制；通过加装智能水表，可以实时获知校内用水端口情况及远程开关控制，并通过系统准确获取相关历史信息，为学校能源决策提供数据依据。通过大数据分析，不断优化节能策略，可以自动分析和统计各个教室或者特定区域的能源计量，提供节能优化策略和建议。

7. 多媒体设备管理

通过整合教室里的电脑、投影机、投影幕布、触控一体机等多媒体设备，实现系统设备的安全关机和远程监管，让校园管理更高效、更节能。支持通过智慧物联网平台APP远程管理，有效克服传统多媒体设备各自为政、集成复杂、难以统一管理或管理功能单一的缺点。

8. 会议室/报告厅管理

传统报告厅/会议室需要安排专人来对包括预约登记、到会通知、人员签到、照明空调调节、投影仪准备等相关活动进行管理。通过平台实现对门禁、电源、考勤、多媒体设备的统一、远程、精准管理，基于校园智能管理系统的报告厅智能管理，则运用无纸化、在线预约式的管理方式，不但可以实现传统报告厅专人管理的全部功能，更可通过智能管理系统，实时了解会议室使用情况，为其他部门提供预约指导。同时，智能管理系统也简化了"共享式会议室"的管理成本，提高了会议室的利用效能。报告厅智能管理系统，主要包括会议预约、人员签到、到会通知、室内场景控制等功能。

9. 智能机房/网络管理

系统通过机房内的能耗管理设备设施实现用电监测、UPS状态监测、智能延迟上电、机房能耗分析等，实现对机房动力设备进行实时监控、集中监控，实现智能感知、独立运行。

通过环境监测管理设备设施，实现烟雾监测、精密空调监测、新风机监测、温湿度监测、漏水监测、消防系统监测等，为机房打造无忧环境。

通过安防系统及门禁管理设备设施，可实现门禁系统开关监测、视频监控联动抓拍、红外人体感应、智能照明系统的整体联动，打造安全智慧机房。

此外，通过与网络安全设备厂商设备的对接，实时调用相关API或端口，系统可实现对实时网络流量的查看、查看异常网络应用情况、获取相关网络分析数据、及时获得网络攻击检测报警，从而实现校园网络完全信息的及时掌握、及时发现、及时处理，建立起由硬件到软件、由宏观到微观、由网络层到应用层的"可管、可控、可用"的全面网络安全环境。

10. 实验室管理

学校实验室，尤其是高校的重点实验室，是校园管理的重点难点。贵重设备管理、有毒气体管理、试验环境维护等对实验室管理人员提出了较高的维护和管理要求。而通过物联网技术的应用，校园智能管理系统有效降低了相关管理成本。实验室智能管理可实现：实验室门禁管理、实验室设备管理、重点实验原料的监控管理、实验室安全报警、实验室环境自反馈调节、实验室电器供电管理、实验气体泄漏管理等。

11. 智慧绿地管控

智慧绿地管控具有智能化、可视化、节约化、技术成熟、施工便捷、适用面广等特点，物联网无线传输技术灵活部署，可快速实现定时灌溉、Web浏览器或APP远程灌溉、根据气象情况自动灌溉等功能。系统基于物联网云平台、物联网网关、传感器和控制终端组成。

12. 停车管理

通过在车位上安装的地磁车辆探测器等，实现校园停车智能化管理，包括自动监测空余车位数量和位置、提供停车引导、规划停车线路、提前告知空缺停车位位置、主动推送停车时长等。校园智能管理系统与校园现有道闸系统对接，可以实时获取车辆出入等照片信息。

13.公共照明管理

利用智能断路器改造配电箱电源接入，利用单灯控制器对单个路灯进行智能化供电改造，使校园公共照明系统实现智能控制，具备如下功能：一体化控制、远程单独控制、策略控制、智能联动控制。当发生安全隐患和事故时，直接将告警信息推送到监控中心及相关管理老师和领导的移动智能终端上；帮助管理人员实时监控、准备定位和快速响应。

14.政府机构、民众互动

通过视频直播、历史影像，家长和社会公众可查看学校每日食谱、食材来源、饭菜成品制作的各环节，对学校餐饮安全有更多的知情权。民众通过注册用户，查看后厨视频以及历史影像快照，可以及时反馈餐饮卫生意见。

第三节

发展特点

一、5G+智慧教育有助于教育公平和教育质量提升

5G助力优质教育资源均衡分配，为教育扶贫带来新的解决方案，同时，5G作为技术和载体支持助力大数据中心、云平台提供高

效、迅捷的数据传输和分析，实现对学习行为的智能分析和可视化管理，实时了解学习情况、获取需求反馈，实现师生良好互动。5G网络因其高速率、高容量、低时延、低功耗的技术特性，成为未来智慧教育的基础支撑。一方面5G网络将实现对传统3G/4G、宽带、Wi-Fi等已有网络的融合，打造多网融合的泛在基础网络，实现网络承载统一，减少贫困地区学校部署新的内部网络的经济成本。另一方面5G以其大带宽、低时延以及边缘计算保障了智慧课堂中交互显示的终端设备，在感知层面、用户层面和资源层面，将数字化、智能化普及到边远地区，实现真正的教育公平。例如河北移动通过5G网络传输技术，把河北师范大学AR实验室的科普教学进行VR摄录成像，远程实时传送到蔚县南留庄中学，有力支撑了农村地区开展互动教学、全息课堂等智慧教育核心业务。5G技术优势以及与多种智能技术的完美结合，促使教学方式实现教与学深度融合。相比于4G网络下利用网络与大屏，以在线直播或"双师课堂"为主的教育呈现形式，5G时代，借助与4K/8K全景摄像机、VR/AR等智能技术融合，能够实现立体数字环境构建，并以高质量的视频传输让学习者"身临其境"。

二、5G+智慧教育多项应用场景促进教育资源均衡分配

在新冠肺炎疫情催化下，5G将实现对传统远程教育的体验提升和应用创新。为减轻疫情对教育领域的冲击，包括我国在内的多个国家均加强远程教育教学实践，令远程教育成为无法接受面授时的次优选择，提升了远程教育行业市场的渗透率和接受度。然而，目前大部分远程教学系统架构依然是以老师为中心的教学文件上传和下载，并未体现教学实时互动和协作学习。5G时代依赖eMBB（增强移动宽带）和uRLLC（超可靠低时延通信）的载体支持，以及

4K/8K超高清视频、AR/VR、人工智能等技术助力，远程直播、在线点播和异地教学得以实现，海量优质教育课程资源实现均衡分配，为教育扶贫提供了全新解决方案。

未来，在防疫需求常态化的推动下，5G技术优势将使得校园安防逐渐进入智能安防时代。在复学潮推动下，5G网络将助力校园智能视频监控业务大规模应用，加强疫情防控期间的校园安全管理，切实保障师生健康和校园财产安全成为学校当务之急，热成像技术、高清视频监控、人脸识别等技术或将率先实现大规模应用，满足快速完成学生测温及体温监控，提升学校应急反应速度的现实需求。

第四节
发展展望

首先，5G以其超大带宽的传输能力，满足4K/8K视频大规模应用需求，并通过部署在边缘服务器上搭载AI的视频分析技术，将高清视频及响应数据实时传送至学校侧云平台或大屏，帮助学校及教育主管部门筑起疫情防控的第一道防线。

其次，5G网络及数据中心等基础设施的建设将极大降低学校网络布线、维护以及存储成本，带动学校安全保障的变革，帮助学校构建智能感知、高效联动、精准指挥的新型视频安防业务模式。

CHAPTER
TWELVE

第十二章

5G+其他

第一节

总体发展概况

2019年，中国正式步入5G商用元年。作为新一代信息技术，5G是推动移动物联网快速发展、促进产业数字化升级、经济社会转型和社会治理模式创新的主要动力。5G作为支撑经济社会数字化、网络化、智能化转型的关键新型基础设施，不仅在助力疫情防控、复工复产等方面作用突出，而且在稳投资、促销费、助升级、培植经济发展新动能等方面潜力巨大。在制度执行力方面，我国注重利用数字治理相关文件——数字化手段加强疫情防控，推动复工复产，提升执政科学化水平和国家管理效能。在疫情监测分析、实时信息发布、大数据精准防控、协调物资分配、服务便民生活等方面的数字化应用发挥出主力军作用，创新了政府管理手段。数字治理成为广应用、高成效的国家治理模式，在新媒体时代大大促进了公共服

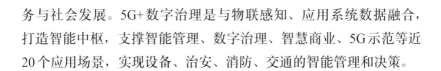

务与社会发展。5G+数字治理是与物联感知、应用系统数据融合，打造智能中枢，支撑智能管理、数字治理、智慧商业、5G示范等近20个应用场景，实现设备、治安、消防、交通的智能管理和决策。

一、5G基站建设加快，奠定5G应用基础

我国5G建设投资、基站建设、用户及终端普及如期推进，奠定5G应用基础。资本开支方面，2020年三大运营商资本开支提升，5G投资同比大幅增长337.6%，占比超50%。2019年三大运营商总资本开支为2998.77亿元，2020年中国移动/联通/电信三大运营商资本开支分别约为1806/677/848亿元，合计约3331亿元，同比增长约11.1%。相较于2019年投向5G的资本开支412亿元（占总资本开支13.74%），2020年三大运营商投向5G的资本开支分别约为1025/340/392亿元，合计约1757亿元，同比大幅增长326%，占总资本开支52.7%，占比较上年扩大39个百分点。此外，中国铁塔公布公司2020年资本开支约为371亿元，其中约有184亿元用于5G投资。综合计算，2020年流向5G的资本开支已超过1940亿元。截至2020年底，中国移动/中国联通＋中国电信联合的5G基站建成数量分别约为39万/38万站，合计约77万站。据相关公告，中国移动和中国广电将展开700M基站共建共享，2021年将采购40万站700M基站，并于2021—2022年建设完成，这一举措将加速乡镇、农村等地域广阔、人口密度低的地区5G网络覆盖，为"5G+"多场景应用提供坚实承载能力。

二、5G公网＋专网齐头并进，助力5G网络下沉企业，加速 5G与行业融合

在5G专网建设上，政策、技术及产业链全方位助力5G与专网

的融合从而加速5G行业应用。政策方面，2020年3月24日工信部发布《关于推动5G加快发展的通知》，要求组织开展5G行业虚拟专网研究和试点，实现标准、技术、应用、部署等关键环节衔接畅通；技术应用方面，中国信息通信研究院组建的5G产业应用方阵成立了"5G行业虚拟专网研究项目组"，旨在全面推进5G行业专网相关的技术研发、标准制定、测试验证和实际部署等。运营商方面，三大运营商也积极跟进行业客户需求，如和行业客户共同探索行业解决方案、在具体应用场景如港口工厂等开展试点；中国移动在5G专网上推出优享专网复用公网、专享专网按需增补基站、尊享专网蚕蛹基站深度定制等不同专网类型以满足不同企业的需求，从而加速5G与行业融合。专网企业方面，海能达等专网企业在2020年以来积极与运营商、政府行业等客户在相关领域展开交流与合作。从政府到科研单位，再到运营商及专网企业，全产业链协同合作推进专网在5G时代的快速部署。在5G公网专用方面，通过运营商公网及网络切片等方式提供给特定行业使用，相较于行业自行建设专网可提升我国频谱利用率、降低成本、提升速率、提高网络可靠性，5G公网叠加新技术可为行业提供除专网外的另一种更为经济的选择，进一步加速5G与行业融合。例如5G通过自身独具的大带宽和低时延能力，成功实现了港口龙门吊远程操控。龙门吊在传统作业方式下需要现场操作，单人只能操控一台龙门吊；但在5G远程操控下，每个工人可以同时操控4台龙门吊，节省了70%的人力成本，也使得每小时货物处理量从25箱提升到30箱，还同时降低了安全生产风险，使得操作人员工作环境大幅提升。

三、5G运营实力不断提升，为5G商用提供支撑

各企业与运营商展开密切合作完善5G运营实力，例如华为率先

为运营商打造了云服务平台，并提供包括从底层硬件、算法开发工具、AI应用开发框架、开发平台到应用使能的全栈全场景AI解决方案，运营商既可以基于华为Atlas系列产品自行构建自身AI能力，也可以直接使用华为云丰富的AI服务。此外，运营商IT基础设施持续升级，提升5G运营能力，例如华为通用算力服务器FusionServer Pro通过搭载三大加速部件、五大智能技术，为运营商客户提供更快、更稳、更智能的系统级架构，满足算力指数级增长的需求；凭借创新的FlashLink算法、SmartMatrix架构等，华为OceanStor存储Dorado系列、OceanStor存储Pacific系列、FusionCube帮助运营商应对不同数据场景挑战，推动全业务场景数据基础设施升级。中国联通成立了中国联通5G应用创新联盟、中国联通工业互联网联盟，对制造业数字化、网络化与智能化升级进行了深入的研究与探索。2020年6月25日，中国联通官方宣布开通了首个基于IPv6智能城域网架构的5G SA独立组网基站，经现场测试，此次开通的基站下行速率达1.236Gbps，上行速率达304Mbps。相较于NSA，SA延迟低，更利于垂直行业发展，为自动驾驶、远程医疗以及8K高清视频传播提供低延迟网络保障。中国移动全面实施"5G+"计划，通过推进5G+4G协同发展、5G+AICDE融合创新、5G+Ecology生态共建，实现5G+X应用延展，构建以"1+4"为核心的工业互联网产品体系，"5G+计划"正在为各行业转型注入全新动力。由中国电信牵头，组织全球5G产业，共同制定《5G SA部署指南》，基于网络切片、边缘计算等SA特色能力面向各行各业提供各种创新应用，继续推进边缘计算和切片管理系统的开发和完善，打造安全、可靠、可信的云网融合产品，为5G SA规模商用提供端到端、可定制的信息化行业应用。

第二节
创新应用

5G与传统行业结合，提升行业生产效率。5G通过有针对性地与医疗、娱乐、交通等传统产业深度融合，有效满足行业的多样化业务需求，实现各行业全面数字化、网络化和智能化的全新转型，5G+云+大数据+AI等技术结合将提升生产效率10倍以上，助力提质增效降本。除此之外，5G应用还包括信息传播网络安全领域、智慧城市领域、智慧政务领域等。

一、信息传播网络安全领域

应对5G的新技术风险和政治安全挑战，《网络安全法》无疑是核心法律，其他一些配套的网络安全法律规范也调整了与5G相关的安全关系。国家不断出台媒体细分行业新规定提高治理效果，同时进一步强调新闻媒体把握正确的舆论导向，巩固壮大主流思想舆论的中心战略任务。网络视听新规频出，网络知识产权保护强化，新闻采编队伍严格。2019年7月，国家新闻出版广电总局召开电视剧内容管理工作专题会，对宫斗剧、抗战剧、谍战剧和"老剧翻拍"等剧集内容和形式进行了重点规范；2019年11月，网信办、文旅部、国家新闻出版广电总局印发《网络音视频信息服务管理规定》，对网络音视频信息服务提供者、使用者和相关部门的各主体职责进行了明确。2019年，未成年人群体的网络保护步入法治化轨道，表现为政策制定与平台履责并行，共同加强对未成年人特定群体的网络治理；2019年4月30日，《未成年人节目管理规定》正式实施；2019年

8月，国家网信办发布《儿童个人信息网络保护规定》；2019年10月，国家新闻出版署印发《关于防止未成年人沉迷网络游戏的通知》。我国现有网络安全法律体系虽然还在完善中，但是，已经形成了从物理设施到信息内容两个层面的5G网络安全保障，体现在《网络安全法》和《关键信息基础设施安全保护条例（征求意见稿）》对设施的保护，以及《侵权责任法》和《信息网络传播权保护条例》对知识产权的保护。

二、智慧城市领域

在交通、医疗、教育、养老等领域形成具有显著成效的数字应用场景示范标杆项目，数字技术与政务服务、城区运行、公共服务等深化融合；数字产业能级加快提升，以应用场景开放为驱动，加快数字赋能产业发展，推动金融、商业、文化、旅游等优势产业数字化转型，打造在线新经济发展高地，建立数字产业新生代企业培育库，培育细分领域标杆企业；加快完善数字基础设施，5G网络建设、城域物联专网建设等基础设施达到全市领先水平。如上海黄浦区积极布局数字产业，围绕细分产业集群发展，促进外滩金融集聚带数字金融、南京路-淮海路数字商业、北京东路智能装备、思南地区数字健康、世博园区数字文旅产业和电竞产业健康发展，形成黄浦数字经济发展"一带两街三区"的空间载体布局。

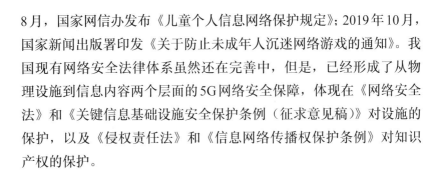

案例1：

未来广州将加大5G基站、5G专网、智慧灯杆等基础设施的建设，到2025年，全市将建成8万根智慧灯杆，和广州要在2022年建成的5G基站数相同。其中，智慧灯杆是新一代城市信息基础设施，是5G基站的天然载体，也是智慧城市的重要入口，能够为城市提供5G基站建设、智慧交通、智慧园区、智慧停车、智慧城市治理等新场景服务。目前，从化生态设计小镇、广州平云广场、广州国际空港中心、开萝大道、临江大道、南大干线、南沙明珠湾等地已建设智慧灯杆试点。广州平云广场建了多根6米智慧灯杆和15米的5G多功能高杆灯，配置了无线Wi-Fi、智慧环境监测、智慧安防、一键求助、智能发布、智慧交互、智能充电桩、USB手机充电装置等。开萝大道道路两旁建了12米多功能智慧中华灯，主要配置智能照明、多媒体显示屏、环境监测、5G基站、安防监控、无线Wi-Fi等设施。根据建设位置的不同，智慧中华灯还能够整合交通杆、指示牌等，改善道路环境，提升市容市貌。广州国际空港中心建设了多个9米多功能智慧灯杆，集成智能照明、多媒体显示屏、环境监测、安防监控、无线Wi-Fi、公共广播、5G基站等功能模块，通过整合杆体功能，实现多杆合一，提供智慧园区条件，多功能智慧灯杆云平台综合管理，绿色节能，智能管理，提升园区品质。

案例2：

与5G的结合可以加快购物由线下向线上发展，推动行业进行数字化转型。目前移动购物已经逐渐替代传统线下购物成为全球消费者的主要购物方式，已有超过1亿美国人在智能手机上进行购物。而5G的连接速度相比4G提高10倍，这会大大提升移动购物体验，加快线下购物向线上购物的迁移。此外，

5G+AR让用户足不出户也能获得身临其境的购物体验。AR技术强化了信息的获取渠道和方式，能够在真实场景和虚拟场景之间建立起一个交互的桥梁。通过AR技术可以强化用户的购物体验，同时能够提升用户的购买意愿，因此AR在购物领域的应用将有广阔的发展空间。

三、智慧政务领域

近年来，随着数字经济、智慧城市的快速发展，与许多领域一样，政府也在加速推进数字变革与智慧政府建设。作为数字中国战略的重中之重，基于互联网的一站式政务服务改革在近三年来持续推进，取得显著进展。为更好更快地推动智慧政务的普及，国家出台了多项鼓励智慧政务建设的政策。在国家的大力支持和推动下，我国智慧电子政务取得了较大进展。据智研咨询相关数据统计，2019年我国电子政务市场规模达到3330亿元，同比增长约为7.19%，随着电子政务建设持续深化发展，预计到2025年政务信息化规模将超5000亿元。当前电子政务正向智慧政务转型，随着5G技术的商用落地以及在国家大力支持下，未来智慧政务大有可为。建设5G政务服务中心主要是应用多种5G+智慧政务终端通过5G政务专网与电子政务服务平台互通；群众有政务服务需求时，通过已部署自助服务基础平台的智慧政务终端，获悉政务服务需求所需资料，按要求提交资料并申请政务服务审批；系统通过5G政务专网传输，利用电子政务服务平台，将群众需求传输到各服务部门；群众可通过手机APP、微信公众号、短信、智慧查询自助终端等方式获悉审批结果；群众也可以通过自助服务一体机，完成审批结果打印等功能。目前，

5G技术在智慧政务方面应用颇多，主要包括5G+政务专网、5G+政务服务一体机、5G+智能机器人、5G+VR政务服务导航等。通过5G网络，结合超高清视频、VR/AR等技术，可提升智慧政务远程服务水平与用户体验能力，真正做到让老百姓少跑腿、易办事。当前，各地均在布局和发展5G+智慧政务，积极打造智慧政务大厅，在法院、海关等委办局也陆续开展个性化试点。

案例1：

　　广州南沙区5G电子政务中心。2019年6月，中国移动助力广州南沙区政务服务数据管理局在南沙区区政务中心上线推行5G网络覆盖试点，实现全国首个"毫秒办"的5G政务中心。目前，已提供办事材料高速上传、"微警认证"人脸识别、在线实时排队三项服务。其中，办理人社局的"集体合同备案"事项需上传六个材料即可完成在线申办，在5G网络下顷刻间即上传完成，办事体验大幅提升。其次，5G网络使"微警认证"人脸识别更流畅，办事群众在"微警认证"服务平台使用5G网络进行人脸识别，大幅缩短认证流程的操作时间。基于5G环境下的微信端排队叫号平台，办事群众可在前往区政务服务中心时在微信公众号进行取号，通过5G网络实时发送、接收、查询叫号信息，业务衔接顺畅，实现零延时，大大提升进入大厅取号办事的体验感。

案例2：

　　安阳智慧城市政务服务平台。该平台运用大数据、云计算、区块链实现了数据共享、流程优化、效能提升，落实中央"简政放权、放管结合、优化服务"战略部署，围绕一个服务平台，增强三项应用服务，持续推进四种办理模式，延伸拓展五大渠道。"一个服务平台"即安阳智慧城市政务服务平台；"三项应用"即互联网+监管应用、电子证照应用和数据共享应用；"四个办理模式"即全省通办、一证通办、就近办、随身办；"五大渠道"即PC、APP、微信、建行STM、建行裕农通。目前安阳智慧城市政务服务平台入驻行政权力事项1132项、公共服务事项211项，其中实现不见面审批（零跑趟）事项1044项，占比92.2%。平台累计办理各类政务服务事项504万余件，在线结算10万余笔，群众评价满意率为100%。

案例3：

宁波5G智慧海关。宁波市打造全国首个5G智慧海关，推动5G技术、物联网、大数据、云计算、人工智能等在智慧海关的应用，强化智能卡口、全景监管、移动查验等海关监管要素。目前已实现5G+AR全景监管和5G+智能卡口两项应用。

案例4：

广州中院5G智慧法院。广州市中级人民法院建立5G智慧法院联合实验室，推动5G技术与法院诉讼服务、庭审、审判、执行、安防等工作融合，实现远程庭审无时延、外出执行实时远程指挥、远程办公办案、VR智能安保。

四、智能环境监测领域

生态环境监测，是指按照山水林田湖草系统观的要求，以准确、及时、全面反映生态环境状况及其变化趋势为目的而开展的监测活动，包括环境质量、污染源和生态状况监测。生态环境监测是生态环境保护的基础，是生态文明建设的重要支撑。5G+智能环境监测，主要是基于5G网络，建设大数据环境监测平台，通过各类传感器数据传输，实现远程环境数据实时采集、云端大数据分析、数据超标预警、智能病害预防、数据追溯曲线等功能，为环境监测提供科学化、集约化、规模化的数据支持，如监测环境污染、预防森林大火、能源物联网等应用。

案例1：

成都温江区智慧环保监测平台。2019年10月，成都温江区开始建设5G智慧环保监测平台，同年12月起，5G智慧环保监测站陆续投用，助力温江区环保工作人员实时了解环境指标变化，精准进行溯源治理。截至2020年7月，温江区已完成16个5G环境监测站建设，并计划全年完成43个5G环境监测站，并逐步形成网格化监测效应，推动5G+智慧环保的应用。位于金马的大朗河入水口和出水口的5G户外小型水质监测设备传感器，每30秒就会对河水进行自动采样，并借助5G技术把采样分析数据实时传输给环保工作人员。传感器在采集河水的pH值、化学需氧量、氨氮浓度、水温等情况后，通过5G将采样数据传送到云端服务器，服务器再进行存储、分析，最后将监测结果传输到手机APP、数据大屏以及后台网站。若监测出来的数据超出了预设范围，手机APP、数据大屏以及后台网站会给相关环保工作人员发送短信或警报信息，提醒工作人员进行溯源治理。除了水质监测，监测设备还可对空气质量进行实时监测。空气监测站点，主要设立在一些重点污染企业，比如一些家具厂、器械生产厂的车间附近，设备每30分钟就会对监测点位附近的甲醛、PM2.5、挥发性的有机气体总量等进行监测。

案例2：

邢台森林草原防火监控系统。中国铁塔在邢台建设了森林草原防火监控系统，通过在铁塔上搭载具有热成像功能的高清网络摄像头，可对半径3～5千米范围内的林区进行火情、砍伐以及野生动物等的实时监控监测。在火情监测方面，该系统能够及时发现起火点位置，进一步判断火情特征、蔓延趋势，通过智能平台向监控中心发送火情分析报告，指挥调度打火队，快速到达现场，及时进行处理。在砍伐监测方面，该系统通过智能行为模型分析，对于发现的疑似砍伐行为，快速生成砍伐分析报告，向林业局监控中心发送预警信息，指挥附近的护林队，快速到达砍伐位置并进行现场处理。此外，该系统还能够对林区内出现的野生动物做出有效的监测和分析，第一时间将监测到的野生动物信息向林业部门发送提醒。

案例3：

科大智能建设安徽"5G能源物联网实验基地"。此举以推进5G技术在数字电网、新能源、电力大数据、能效管理和智能巡检等业务中的应用，全方位构筑能源物联网产业生态圈。

五、智慧农业领域

5G推动农业的机械化、信息化和智慧化的跨越式融合发展。通过5G网络、云计算、边缘计算、物联网、大数据和人工智能等关键技术，与传统农产品市场需求、农业生产过程和农机设备控制相结合，实现农业生产过程监测、农业生产安全监控、农产品疫情病虫害监测、农业生产自动化作业，推动农业生产自动化、信息化和智慧化水平的提升。5G智慧农场可提高农作物生产效率，降低生产成本、病虫害。利用5G网络及温湿度等环境传感器、摄像头、卫星遥感、无人机等监测设备，结合无人植保机、旋耕机、播种机、喷灌系统等无人驾驶农机设备，实现农作物情况监测、农机设备自动化作业、农场安全监控、环保节能作业等应用。

案例1:

淄博临淄区禾丰5G智慧农场。山东理工大学利用5G网络、人工智能图像识别、卫星遥感、大数据等技术，驱动各类无人驾驶农机装备，实现自动化作业，包括航空植保无人机、无人驾驶高地隙植保机、旋耕机、玉米播种机、无人喷灌系统等，应用于小麦和玉米耕、种、管等环节，实现安全可靠、环保节能的农场作业，打造全国首个示范性生态无人农场。

案例2:

上海领新5G智慧农业。上海领新农业利用5G网络、边缘云和物联网平台，结合自动化农业监控设备和无人机，对农业生产进行实时监控，实现快速检测农作物疾病、害虫、杂草、

农田水质、土壤，为农作物提供细粒度的营养、通风和供水，提高生产率。

六、智慧林业领域

5G智慧林业有利于森林的建设和养护，减少森林病虫害，预防森林火灾，保护野生动植物，为工作人员和游客提供向导与救援服务。利用5G网络及视频监控、无人机等监测设备，实现森林资源、森林病虫害、野生动植物、森林防火等监测及森林巡检等应用。

案例：

成都大邑西岭雪山5G智慧景区。成都大邑县利用5G网络、人工智能和无人机，在西岭雪山景区寻找迷路游客。5G无人机实时回传画面，通过人工智能分析，智能判别画面中的人与物，应急救援指挥中心根据视频画面迅速锁定迷路游客的位置坐标，指挥属地救援队将被困游客带至安全地带。

七、智慧畜牧业领域

5G智慧畜牧可以提高畜牧养殖生产效率，降低畜牧养殖成本，防止牲畜疫情发生和牲畜丢失，保护畜牧生态等。利用5G网络及环境传感器、视频摄像头、卫星定位系统、无人机等监测设备，实现牲畜位置跟踪与管理、草场退化监测、牲畜疫情预警、牲畜生长情况跟踪与环境监测等应用。

案例:

　　广西扬翔5G智慧畜牧。广西扬翔利用5G网络、视频监控、图像识别和红外线测温等技术,实现5G智慧畜牧应用。广西扬翔是广西贵港养殖业的龙头企业,拥有亚洲最大的13层楼房养猪场。在广西扬翔的5G智慧畜牧解决方案中,可记录每头生猪的身长、体温、进食次数、运动量,分析生猪的健康值;通过生猪的咳嗽、叫声等判断是否患病,提前预警疫情;提高母猪生产能力。

八、智慧渔业领域

　　5G智慧渔场可提高饲料的利用率,防止潜在的疾病扩散,防止养殖鱼类逃离,提高水下作业安全性,节约人力成本。利用5G网络及高清摄像头和水下摄像系统等监测设备,对渔场进行监控管理,实现渔场全景监测、水产品生长情况监测和精准鱼食投放等应用。

案例:

　　威海爱伦湾5G智慧渔场。威海爱伦湾国家级海洋牧场利用5G网络,通过在海洋牧场上架设的全景高清摄像装备,实现对牧场的24小时全景监控应用,水产养殖管理人员通过手机在办公室或者家中就可以观察水产品生长情况。根据牧场养殖水域水下实际情况,观测距离最远可达10米。

第三节
发展特点

2019年以来，我国互联网治理工作呈现出传统治理与新应用、新技术治理并抓的特点，法治环境更加健全、治理方式持续创新。

一方面，在传媒改革、平台治理、网络市场监管等领域坚持严管细管，不断规范新媒体发展和互联网市场秩序。

另一方面，针对新技术应用生产的新现象、新问题快反映、高专业、强治理，大幅提升管网治网的系统性、有效性和科学性，促进我国网络综合治理体系不断完善。

第四部分

发展展望篇

第十三章

中国5G产业发展形势展望

第一节

技术发展展望

短期看，5G Rel-15以及Rel-16标准已冻结，未来随着Rel-17标准的潜在技术方案的确定，面向三大应用场景的5G技术基本确定。未来还需要聚焦数字化转型的重大需求，加强谋划和统筹协调，加快突破核心技术：一是NR多播/广播、MIMO增强、节能增强技术，满足更高速率通信要求的毫米波频率通信、泛在连接的非陆地网络NR、定位增强技术等；二是面向物联网、低时延场景的NB-IoT和eMTC增强、IIoT和uRLLC增强技术等。中长期看，按照通信技术发展十年一周期，B5G及6G技术将不断满足后5G技术的演进发展。为满足6G智慧连接、深度连接、全息连接及泛在连接的技术要求，太赫兹通信、动态频谱共享+区块链、空天地海一体化通信、无线触觉网络等技术将持续得到深入探索研究。

第二节

网络基础设施发展展望

当前5G新型基础设施建设刚刚起步，未来5G SA基站部署进程将加快，持续推进频谱分配和高频段5G技术研究。2019年基于中频段的5G新基建建设已经大规模展开，采用低成本的NSA模式的5G基站首发建设；2020年主要采用支撑低时延高可靠、海量连接特性的SA模式建设5G基站。此外，我国已经出台5G中低段频谱规划，未来如何进行毫米波频谱以及5G专网频段分配将是5G发展的重点问题。一方面，频谱分配需要考虑运营商现有频谱资源与技术，以及不同频谱的特性、运营商的实力、产业链完善程度等因素，完善行业竞争环境的同时，实现4G向5G平滑演进。另一方面，我国优先规划中频频谱，毫米波段尚未规划分配，高频段的资源开发以及针对不同行业要求建设专网设施已经是全球产业界的共识。高频段的技术及设备试验、5G专网部署将成为未来5G发展的重点方向。

第三节

终端产业发展展望

一、全场景生态构建刺激"多形态"5G终端市场规模大幅攀升

在整机方面，传统智能手机、笔记本电脑等终端设备在性能、续航时间等方面逐渐得以技术优化，并趋向同质化，进入平台发展

期。以智能手机为例，2019年全球智能手机出货规模首次出现下滑现象。但2019年下半年5G商用启动以来，5G终端整机形态类型迅速增加，涵盖5G手机、头显、热点、室内/外CPE、笔记本电脑、模块、无人机、机器人终端等多种类型。未来多类型终端形态的持续推出有利于打造5G全场景新生态。在5G大带宽、低时延及高可靠、海量连接新特性加持以及新生态的逐步构建与完善中，5G终端形态及设备类型将继续保持增长趋势，终端设备市场规模在未来将出现新一轮增长。

二、高度集成化5G基带芯片和射频芯片迎来旺盛需求

在5G基带芯片方面，5G多模多频特性使得芯片集成难度增大，目前仅高通、华为、三星、联发科、英特尔、紫光展锐推出基带芯片产品，未来为降低终端体积、改善终端功耗，5G终端基带芯片将持续向高集成度的SoC芯片方向发展。在5G射频芯片方面，5G高频段对射频器件的基础材料研发、滤波器及功放等元器件设计提出更高要求。随着2019年我国央地联动的产业政策逐步推广实施，射频半导体材料研发与关键元器件持续攻关，华为海思、紫光展锐、卓胜微、中兴微电子等国内企业有望切入中高端射频芯片领域，且随着终端市场的进一步打开，5G射频芯片等关键元器件的需求将大幅上升。

我国先进芯片制程进一步提升，目前仍以7nm为主，部分芯片实现5nm工艺量产，未来技术研发以及工艺提升，芯片制程将向3nm/2nm节点持续演进。5G新基建的大规模部署为终端产业发展提供必要支撑带动环境，随着未来5G终端设备规模的迅速上升，尤其是5G智能手机的大规模普及，先进应用芯片、基带芯片、射频芯片等芯片的市场需求也将增大。

依托行业不同生命阶段关键因素的发展特征对行业的成熟度进行综合判定和分析，目前我国5G芯片处在行业成长中期。2015年以来5G发展政策频繁出台，促进了5G基站及下游手机和互联网汽车等应用领域的发展。中美贸易摩擦持续升级，倒逼我国5G芯片产业链向上游延伸，提升竞争力。2019年6月6日，5G进入商用化发展阶段，5G新基建的发展，加快推进完善基础设施建设。国内对5G芯片重视程度的提升，促进国内相关领域的投资布局，入局企业增加，向快速成长期发展，5G芯片的技术突破及商用化发展将促进行业快速迈进高速成长阶段。

三、轻量级物联网操作系统迎来爆发期

在智能终端操作系统方面，谷歌的安卓系统以及苹果的iOS系统是当前主流的5G智能手机终端操作系统，三星、华为、小米、OPPO、vivo等终端操作系统均为基于安卓系统进行二次开发而成，安卓和iOS系统分割市场的格局在5G时代初期将难以打破。未来随着5G大规模商用推进物联网市场规模持续增大，多形态5G智能终端布局加速，能够连接智能手机、可穿戴设备、智能家居等多终端的轻量型物联网操作系统也将进一步引起关注，华为、谷歌、三星、腾讯、阿里巴巴等国际知名企业均在该领域展开积极持续布局。

第四节

场景发展展望

目前5G所依赖的关键核心技术处于不断演进升级阶段，运营模式、商业模式、市场定位等尚处于探索发展阶段，国内将持续围绕

重大赛事、医疗教育、车联网、工业互联网等开展5G行业推广应用。行业级终端是5G与垂直行业融合发展的重要切入点。随着5G网络基础设施建设的逐渐完善，5G终端应用业务逐步向各垂直产业延伸拓展。2019—2020年，5G行业级应用主要包括国庆七十周年阅兵5G超高清视频直播、春晚5G直播、北京世园会、篮球世界杯等重大活动赛事直播，主要面向5G eMBB应用场景。随着面向uRLLC和mMTC工业物联网方向的5G Rel-16标准发布、Rel-17标准的探讨推进，5G+车联网、5G+远程医疗、5G+工业互联网、5G+智慧城市等行业应用场景将全面打开。随着未来B5G、6G技术的演进、成熟，实现"空-天-地-海"全地形、全空间立体覆盖连接场景，用于高保真、无缝覆盖的AR/VR的全息应用等也将吸引世界范围内产学研持续展开研究与试验。